U0208405

国防科技图书出版基金

复杂电磁环境下组网雷达
作战能力仿真与评估

Simulation and Evaluation of Operational Capability of Netted Radars in Complex Electromagnetic Environment

池建军　罗小明　著

国防工业出版社
·北京·

图书在版编目（CIP）数据

复杂电磁环境下组网雷达作战能力仿真与评估/池
建军,罗小明著. —北京：国防工业出版社，2021.4
ISBN 978 – 7 – 118 – 12269 – 5

Ⅰ.①复… Ⅱ.①池… ②罗… Ⅲ.①电磁环境 – 影
响 – 军用雷达 – 网络系统 – 作战 Ⅳ.①TN959

中国版本图书馆 CIP 数据核字（2021）第 037551 号

※

国防工业出版社出版发行

（北京市海淀区紫竹院南路 23 号　邮政编码 100048）
三河市腾飞印务有限公司印刷
新华书店经售

*

开本 710×1000　1/16　插 7　印张 10¾　字数 175 千字
2021 年 4 月第 1 版第 1 次印刷　印数 1—2000 册　定价 98.00 元

（本书如有印装错误，我社负责调换）

国防书店：(010)88540777　　书店传真：(010)88540776
发行业务：(010)88540717　　发行传真：(010)88540762

致 读 者

本书由中央军委装备发展部**国防科技图书出版基金**资助出版。

为了促进国防科技和武器装备发展,加强社会主义物质文明和精神文明建设,培养优秀科技人才,确保国防科技优秀图书的出版,原国防科工委于1988年初决定每年拨出专款,设立国防科技图书出版基金,成立评审委员会,扶持、审定出版国防科技优秀图书。这是一项具有深远意义的创举。

国防科技图书出版基金资助的对象是:

1. 在国防科学技术领域中,学术水平高,内容有创见,在学科上居领先地位的基础科学理论图书;在工程技术理论方面有突破的应用科学专著。

2. 学术思想新颖,内容具体、实用,对国防科技和武器装备发展具有较大推动作用的专著;密切结合国防现代化和武器装备现代化需要的高新技术内容的专著。

3. 有重要发展前景和有重大开拓使用价值,密切结合国防现代化和武器装备现代化需要的新工艺、新材料内容的专著。

4. 填补目前我国科技领域空白并具有军事应用前景的薄弱学科和边缘学科的科技图书。

国防科技图书出版基金评审委员会在中央军委装备发展部的领导下开展工作,负责掌握出版基金的使用方向,评审受理的图书选题,决定资助的图书选题和资助金额,以及决定中断或取消资助等。经评审给予资助的图书,由中央军委装备发展部国防工业出版社出版发行。

国防科技和武器装备发展已经取得了举世瞩目的成就,国防科技图书承担着记载和弘扬这些成就,积累和传播科技知识的使命。开展好评审工作,使有限的基金发挥出巨大的效能,需要不断摸索、认真总结和及时改进,更需要国防科技和武器装备建设战线广大科技工作者、专家、教授,以及社会各界朋友的热情支持。

让我们携起手来,为祖国昌盛、科技腾飞、出版繁荣而共同奋斗!

国防科技图书出版基金
评审委员会

序

未来战争将是熟练掌握信息化、智能化武器装备的军队所主宰的战争,未来战场将是陆海空天电网多维空间构成的广域战场,未来作战样式将是全时、全域、全频、全流程电磁对抗、网络对抗条件下的作战力量高智能运用。这样的战争掌握控制之难非今日战争可比,对抗程度之烈非今日战争可比,标准要求之高也非今日战争可比。显然,应对这样的战争用现在的作战观念、简单的战场条件、传统的方式方法已经完全不能适应。实现战场环境、作战目标和作战力量的全维度仿真,通过仿真的作战系统来研究设计战争、检验武器装备、培训锻炼部队、实施任务准备和评估作战效能,成为我们在最接近未来战争真实情况的条件下研究战争与准备战争的有效途径和手段。

本书探讨的是"组网雷达作战能力"问题,这虽然是一个很小的切入点,却引出了三个未来战争的关键问题:一是复杂电磁环境;二是作战能力仿真;三是作战效果评估。这无疑是全书的亮点所在。

复杂电磁环境是未来战争的显著特点和突出标志,是信息化战场的重要组成部分,是军队生成和提升体系作战能力无法回避的客观条件。未来战争中复杂电磁环境无处不在,不仅会对装备运用和作战行动产生越来越大的影响,而且会对战争意志和战争决心产生越来越大的影响,甚至会影响战争的成败及更大的战略格局。

作战能力仿真是解决未来战争问题的有效手段,是现代化军队作战能力构成的重要组成部分,是和平时期进行战争实践的一种新的方法样式。作战能力仿真,不仅可以解决战争中诸多复杂的作战计算问题,解决各种对抗条件下的作战计划方案优化问题,解决作战前任务部队的针对性训练问题,还可以在战争中与作战过程同步进行战场态势可视化显示,实现作战行动的实时掌控与实时指挥,大幅提高作战指挥效能。

作战效果评估在传统作战理念中通常被认为是作战行动之后或作战总结之时进行的作战活动,目的是为后续作战行动或再次作战提供准确依据。而未来战争中的作战效果评估必须伴随作战全过程,在作战的各个领域、各次打击、各个环节甚至是各个瞬间实时、反复、不间断重复动态地进行,其准确与否对作战结果影响极大,已成为作战行动本身不可缺少的重要组成部分,其地位和作用大大提高。

未来战争所面临的是一个空间更广泛、要素更多元、高度复杂的战场环境，许多在传统战争中被忽略的影响因素在精确化、一体化的要求下其作用被实实在在地放大了，信息装备的运用尤其如此。雷达作为重要的电子信息装备，在现代战争需求的牵引下不断发展，其载体从陆载、车载、舰载、机载到弹载、星载，其探测范围、探测精度、识别能力、跟踪能力随着科技的发展大幅提高，其反侦察、抗干扰能力也越来越强，在现代战争争夺制信息权的斗争中具有无法替代的重要作用。但是，面对在信息主导下体系化、网络化、智能化和精确打击快速发展的现代战争，无论采用怎样的先进技术手段，单部雷达在抗干扰、抗隐身、抗超低空、抗超高速、抗反辐射攻击等方面都会面临巨大威胁，其作战效能受到极大限制。因此，实施雷达网络化，用体系建设、体系运用、体系作战模式来解决雷达装备在对抗中所遇到的干扰、隐身、反辐射摧毁和超低空、超高速突防威胁等问题，无疑是一种非常有效的手段。组网雷达系统充分利用网内多部、各种雷达获取资源优势和信息融合优势，可大幅提高作战体系发现目标、辨识目标、跟踪目标和打击目标的能力，可大幅提高作战信息体系在侦察与反侦察、干扰与反干扰、反辐射攻击与抗反辐射攻击等方面的能力，从而掌握作战的主动权。

　　作为重要的信息装备体系，组网雷达武器系统在装备研发、试验定型、批量生产、验收合格的过程中必须有严格准确、合乎客观实际的认定。组网雷达武器系统在复杂电磁环境下实际技战术性能如何？对复杂电磁环境的实际适应能力如何？在强对抗条件下的战术运用是否得当？其先进性、实战性、对抗性综合能力究竟如何？回答这些问题，开展复杂电磁环境下的作战能力仿真与评估就是最有效的手段。本书对复杂电磁环境下组网雷达作战能力仿真与评估的研究，既有对现实问题和需求的分析也有理论方法和技术手段的探讨，既有对特点规律的分析也有对装备运用和实战方法的探索。可以说，其研究领域对于我军适应未来信息化条件下作战的客观需要、探索信息化武器装备体系能力生成途径、推进信息化武器装备作战训练转型等具有重要的意义。其研究成果对于我军复杂电磁环境下雷达装备建设、管理、训练和实战运用，对于推进电子蓝军建设、信息装备基地化训练，以及信息装备战斗力生成模式转型等方面具有积极的借鉴作用。

丁一平

2020 年 9 月

日趋复杂的电磁环境已成为信息化条件下战场环境的显著特点和突出标志。开展复杂电磁环境下组网雷达作战能力仿真与评估,在基于信息系统的体系作战能力研究领域具有很强的代表性,能够为复杂电磁环境下信息化武器装备体系作战运用探索提供参考,为推进信息化武器装备体系作战训练转型提供指导,为信息化武器装备体系作战能力生成模式研究提供借鉴。

本书就复杂电磁环境下组网雷达作战能力进行分析和评估研究,具有理论探索与方法应用研究并重的特点。全书共6章,具体内容安排如下。

第1章绪论。给出了复杂电磁环境、组网雷达、作战能力的基本概念,对复杂电磁环境、组网雷达研究应用情况做了阐述,对作战能力评估方法进行了概括,建立了本书研究的逻辑起点。

第2章战场电磁环境复杂性内涵分析。从物理维、认知维、效果维角度,对战场电磁环境复杂性内涵进行诠释,分析了"三维"复杂性的构成内容及作用机理,指出战场电磁环境复杂性的本质是认知维与物理维联动作用在效果维上的涌现结果,给出了战场电磁环境各维复杂度的评估内容和评估方法。

第3章复杂电磁环境下组网雷达作战能力分析及指标体系构建。对复杂电磁环境下组网雷达探测能力、定位能力、识别能力、跟踪能力和"四抗"(抗干扰、抗隐身、抗反辐射攻击、抗低空突防)能力进行了分析,建立了复杂电磁环境下组网雷达各项能力的指标体系,构建了指标模型。

第4章复杂电磁环境下组网雷达作战能力仿真与评估模型构建。基于MAS的组网雷达作战能力仿真模型定义了雷达的属性、行为规则,以及雷达与雷达之间、雷达与电磁环境之间的交互方式。建立了反映雷达与电磁环境之间交互作用的基于云模型的复杂电磁环境下雷达探测能力评估模型,提出了电磁环境干扰强度和雷达抗电磁干扰能力对雷达探测能力输出影响的二维云推理规则,根据总结出的9条定性评估规则,通过云模型生成器对复杂电磁环境下雷达探测能力进行评估。构建了体现雷达与雷达交互关系的基于加权网络的复杂电磁环境下组网雷达融合概率模型,给出了根据组网关系计算组网雷达中雷达权重分配的方法,综合复杂电磁环境对雷达数据通信的影响,列出了组网雷达融合概率计算方法。

第5章仿真实现与评估分析。通过NetLogo仿真平台,对复杂电磁环境下组网雷达作战能力模型进行了仿真实现。通过构建复杂电磁环境下组网雷达探测能力评估模型,设定仿真想定方案和参数,对复杂电磁环境下不同组网方案探测能力进行了仿真与评估。设计了由4部地面雷达和1部空中预警雷达组成的组网雷达,在受敌方干扰机干扰情况下,探测敌方隐身战斗机突防雷达警戒网的红蓝对抗想定,设置仿真方案,运用构建的相关指标模型和交互模型对复杂电磁环境下组网雷达目标定位能力、识别能力、跟踪能力和"四抗"能力进行仿真与评估。根据仿真与评估结果,分析了组网雷达受复杂电磁环境干扰后作战能力发挥情况、影响原因,以及降低电磁环境影响、提高复杂电磁环境下作战能力发挥可采取的有效方法。

第6章总结与展望。对全书工作进行归纳总结,指出研究中存在的问题,提出进一步研究的方向。

限于作者水平和实际工作的局限性,书中难免有错误和不妥之处,恳请读者批评指正。

作　者
2020 年 10 月

目　录

Contents

第1章 绪 论

信息化战场上各种作战平台通过信息系统的无缝链接形成了一体化的作战体系,这种体系作战能力的生成与发挥更加依赖各类电磁应用活动,并在更大的空间范围和频谱范围内受到战场电磁环境的多重影响。在推进武器装备信息化建设过程中,雷达作为重要的电子信息装备,始终是现代战争电子对抗中争夺制电磁权的重要内容,其载体已从地基发展到舰载、机载、星载、弹载,雷达的探测范围、探测精度、跟踪能力大幅提高;同时,雷达反侦察、反干扰能力也越来越强。

然而,面对以网络中心战为主导的信息化战争,单部雷达在抗干扰、抗隐身、抗低空、反反辐射导弹攻击等方面面临巨大威胁,作战能力受到了极大限制。雷达进行组网是雷达解决电子干扰、隐身、反辐射摧毁和低空突防威胁的有效手段,体系对体系的作战模式成为雷达对抗的主要模式。组网雷达武器系统充分利用网内各部雷达的资源和信息融合优势,极大地提高了体系作战能力,雷达整体性能得到大幅改善,在侦察与反侦察、干扰与反干扰、反辐射攻击与抗反辐射攻击能力等方面发生了本质的变化。组网雷达武器系统作战能力的好坏、战术运用的灵活与否,都对战争的进程和胜负起着关键性作用,只有拥有具备良好作战能力的组网雷达武器系统的一方才能在争夺制电磁权的斗争中处于主动地位。组网雷达在复杂电磁环境下的作战能力,可以看作一类具有典型代表性的电子装备体系作战能力生成模式。在接近实战的复杂电磁环境条件下考核组网雷达对作战使用环境的适应能力,以及实战性、对抗性和综合性的战术技术使用性能,对装备定型、战斗力生成、体系作战能力建设具有重要的借鉴作用。

复杂电磁环境是信息化战场环境重要组成和基本特征,而组网雷达又是典型的信息装备体系,因此,开展复杂电磁环境下组网雷达作战能力分析与评估,在基于信息系统的体系作战能力研究领域具有很强的代表性,能够为抓住复杂电磁环境特点规律,开展复杂电磁环境下体系作战能力研究,分析复杂电磁环境对武器装备运用和作战行动带来的威胁和影响,适应未来信息化条件下作战的客观要求,研究论证信息化武器装备训练新举措,推进信息化武器装备作战训练转型,找准信息化条件下武器装备体系作战能力生成的切入点,推动信息化装备发展和体系作战能力建设等多个方面做出积极贡献。

1.1　基本概念

克劳塞维茨指出："任何理论必须首先澄清杂乱的,可以说是混淆不清的概念和观念。只有对名称和概念有了共同的理解,才可能清楚并顺利地研究问题,才能与读者经常站在同一立足点上。如果不精确地确定它们的概念,就不可能透彻地理解它们内在的规律和相互关系。"同样开展复杂电磁环境下组网雷达作战能力仿真与评估研究,也需要首先确定逻辑起点,以达到对基本概念的恰当界定和准确理解。

1.1.1　复杂电磁环境

国外对电磁环境有不同认知和描述,却没有复杂电磁环境的专门提法。复杂电磁环境是我国学者创造的特定概念。信息化条件下的战场电磁环境,由于受参战装备的分布状况、工作频率、辐射功率(场强)、辐射方式、所处地理环境、气象条件等多种因素的影响,呈现随机、复杂、不确定的特征。电磁环境的抽象、无形特征,给人们的认识和把握增加了困难,为了突出、强调在军事活动中电磁环境的复杂性,在描述信息化条件下战场电磁环境时加上了"复杂"这个标签。目前,复杂电磁环境比较统一的定义提法是电磁辐射源种类多、辐射强度差别大、信号分布密集、信号形式多样,能对作战行动、武器装备运用产生严重威胁和影响的电磁环境。这个概念强调,特定战场空间内,在大量电磁辐射源作用下,形成信号密集、样式繁杂的电磁环境状态,并对重要作战行动和武器装备运用产生严重影响和制约作用的战场电磁环境,才称为复杂电磁环境。

同时也要指出,电磁环境的复杂性是相对的。当构成复杂电磁环境的各种因素同时作用于一定的空间范围时,位于其中的各种电磁活动将不可避免地受到干扰或影响。只有当干扰或影响超出了电磁活动可以承受的阈值,且其数量多、影响程度大,以至于难以有效区分、判断和有效消除时,才会使这些综合影响因素形成复杂的电磁环境。复杂电磁环境是一个相对概念,对于电磁频谱管控有力、电子设备抗干扰能力强的一方而言,这种复杂性相对较小,换言之,对其达到"复杂"的阈值较高,即"复而不杂";但对于管控不力、技术水平较弱的一方,可能稍有情况就很"复杂",即"复杂"的阈值较低,其面临的复杂电磁环境压力就大。

1.1.2　组网雷达

组网雷达是指通过将多部不同体制、不同频段、不同程式(工作模式)、不同极化方式的雷达或无源侦察装备适当布站,借助通信手段连接成网,由中心站统一调配形成的一个有机整体。网内各雷达和雷达对抗侦察装备的信息(原始信号、点迹、航迹等)由中心站收集,综合处理后形成雷达网覆盖范围内的情报信息,并按照战争态势的变化自适应地调整网内各雷达的工作状态,充分发挥各部雷达和雷达对抗侦察装备的优势,从而完成整个覆盖范围内的探测、定位、识别和跟踪等各项作战任务[1]。

　　组网雷达具有很强的抗干扰能力和生存能力,具有多重叠系数、多体制、全频段等战技性能,可构成多层次、立体化、全方位的作战体系。多波段雷达组网,网内频段较宽,能够有效降低干扰机干扰效果。同样,雷达组网后,辐射源数量增加,雷达信号空间分布密度更为复杂,极大限制干扰质量。通过网状收集与传递,将汇集至中心站的信息进行综合处理,得到网内雷达范围内的战略态势和情报信息。组网雷达通过数据融合这项关键技术,得到大量单部雷达无法获得的信息,同时,利用雷达网的重组功能,能够有效上报情报、数据。如图 1 - 1 所示,组网雷达系统包括三坐标雷达、两坐标雷达、红外探测器、预警机和侦察卫星。在组网雷达探测范围内,雷达将采集到的目标信息传输到数据处理中心进行融合处理[2]。在数据处理中心协调管理下,网内雷达实现信息共享、优势互补,具备了强大的预警探测和情报侦察能力。

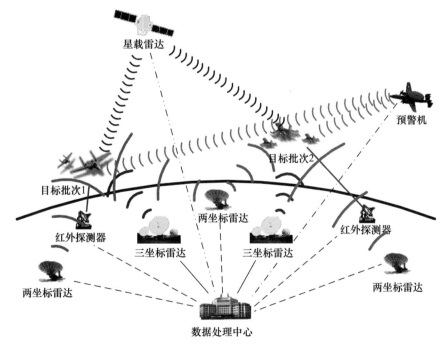

图 1 - 1　组网雷达示意

组网雷达的意义包括[2]:①网内情报可以做到资源共享,各站点实时指挥控制得以实现,可靠性得以加强;②组网雷达可以做到反隐身,能够探测低空飞行目标及其他隐身目标;③组网雷达工作方式灵活,作用范围大,抗干扰性能强,可实现频率互补,优势明显;④组网雷达能够获得更高精度的目标数据信息,是为指挥决策提供可靠信息的有效手段;⑤组网雷达作为一个有机整体,网内相互独立的雷达具备更为灵活多变的工作方式。

1.1.3 作战能力

《辞海》指出:战斗力是军队的作战能力,战斗力的因素包括人员的政治素质、军事素养和武器装备、物质保障等。学术界对战斗力的探讨有广义与狭义之分[3]:广义的战斗力泛指军队履行使命、完成各种军事任务的能力,它不仅限于完成作战任务的能力,还包括完成非战争军事行动的能力,是对军队完成所担负多样化军事任务能力的总体概括,是军队应对危机、维护和平、遏制战争、打赢战争能力的集合体;狭义的战斗力特指军队完成作战任务的能力,也就是作战能力。可以说,战斗力是对包括作战能力在内的、军队完成各种军事任务能力的统称,作战能力是战斗力的核心内容,是构成军队战斗力的主体部分。

本书主要是从完成作战任务的能力上来描述和研究组网雷达在复杂电磁环境下的战斗力,即从狭义战斗力的角度进行研究。

1.2 复杂电磁环境研究与应用

1.2.1 理论研究

1. 美国

从无线电设备开始使用以来,美军关于电磁环境和电磁环境效应的研究就逐步展开。20世纪60年代,主要考虑射频干扰(Radio Frequency Interference,RFI),这时美国国防部把电磁兼容(Electro Magnetic Compatibility,EMC)作为集成指标应用于武器装备设计、开发、采购和保存等各环节。1976年,《美军野战条令战斗通信》(FM24-1)中将电磁环境定义为"电磁发射体工作的地方",并首次指出"无线电、雷达、激光不管是敌方的还是己方的,都处于同一电磁环境中"[4],从构成要素和对抗性方面,对战场电磁环境的复杂性有了一定的认识。随着研究的深入,美国国防部《军事及相关术语字典》(JP1-02)又将电磁环境定义为"在各种频段和特定作战环境下,军队、系统或平台在执行任务时可能遭遇的辐射或传导的电磁发射电平在功率和时间上的分布。它是电磁干扰,电磁脉冲,电磁辐射对人员、军械和挥发性材料的危害,以及闪电、沉积静电干扰等自然现象效应的总和"。后来扩大到电磁效应,并根据电磁环境的概念,把电磁环境对武装部队的作战能力、设备、系统和平台作战能力的影响称作电磁环境效应(Electromagnetic Environmental Effects, E^3)。1997 年开始美军把电磁环境效应作为顶层标准体系,建立了一系列的军用标准,包括应用指南、操作手册和工作指南,是非常体系化和标准化的。

以美军关于电磁环境效应的研究为例,美军将电磁环境效应军用标准(MIL - STD - 464A)作为顶层标准,不仅构建了(纵向)电磁环境效应有关的军用标准体系,而且以军用标准、应用指南、操作手册和工作指南为基础,构建了(横向)电磁环境效应有关的操作、认证方法和过程体系,使得电磁环境效应研究工作的开展,既具有系统完备性又具有可操作性。其中:顶层标准及其附属的军用标准规定了具体的需求;应用指南给出了相应的解释和背景资料,有利于对标准需求条目的理解和执行;操作手册提供了非常详细的、可执行的操作方法和操作步骤,完成标准中规定需求条目的测试和认证;工作指南根据当前的研究成果和任务需要,提供了每年有关电磁环境效应研究的新课题和需求,而这些研究成果又反过来促进电磁环境效应相关标准的更新和进一步完善。

1) 电磁环境效应标准

美国电磁环境效应研究的顶级标准是美国国防部 2002 年下发的 MIL - STD - 464A《系统电磁环境效应要求》(Electromagnetic Environmental Effects Requirements for Systems)。这个标准的目的是为空基、海基、天基和陆基系统(包括相关的武器)建立电磁环境效应的认证标准和接口需求。该标准适用于所有的系统,不论是新建设备还是改造设备。

美国军用标准 MIL - STD - 464A 还给出了电磁环境效应的明确定义:电磁环境效应是电磁环境对军事力量、装备、系统和武器平台的操控能力的冲击,它包含所有电磁训练、电磁兼容性、电磁干扰、电磁攻击、电磁脉冲,以及对人员、武器和可燃爆炸性材料的电磁辐射危害,也包含雷电、沉积静电等自然现象。

从定义上来说,电磁环境效应是研究在有限空间、有限时间、有限频谱资源的条件下,各种电磁设备或系统(包括武器平台和生物体)如何协调共存而不至于引起性能显著降低的一门科学。它涉及电磁学科各领域,包括电磁辐射、电磁兼容、电磁干扰、电磁易损性、电磁防护、电磁脉冲、电磁辐射危害以及雷电、沉积静电的影响效果等。

2) 电磁环境效应应用指南

电磁环境效应应用指南是电磁环境效应标准 MIL - STD - 464A 的附件,提供标准中每项需求的背景信息。对于每个在标准中提到的需求,一般有 6 个条目进一步解释和说明,帮助理解每项需求的意图:①需求的基本原理;②需求的应用指导;③需求的相关知识;④需求认证的基本原理;⑤需求认证的应用指导;⑥需求认证的相关知识等。

3) 电磁环境效应操作手册

美国电磁环境效应操作手册是美国国防部2001年下发的 MIL - HDBK - 237C《采购程序中的电磁环境效应和频谱认证指南》(*Electromagnetic Environmental Effects and Spectrum Certification Guidance for the Acquisition Process*)。该手册为平台、系统、分系统和设备的全寿命周期建立有效的电磁环境效应和频谱认证程序提供了具体的指导,包括具体的方法和步骤。

手册明确了设计、研究所需人员的责任,提供 DoD 平台、系统和分系统、设备必要的资料,以达到电磁兼容所需要的水平。手册描述必须完成的任务,以保证在整个寿命周期电磁环境效应控制和频谱认证过程符合要求。因此,该手册是可操作性非常强的操作指南。但是,该手册只能作为指导性文件使用,不能引用为需求标准。

4) 电磁环境效应工作指南

美国电磁环境效应研究的工作指南是美国国防部指令3222.3《美国国防部电磁环境效应程序》(*DoD Electromagnetic Environmental Effects (E^3) Program*)。其主要目的有:①赋予 DoD E^3 Program 执行的具体职责;②更新 DoD 管理和执行 E^3 Program 的政策和职责,保证在现行的自然和人为电磁环境中,陆基、海基、空基和天基的电子系统、分系统、设备间的电磁兼容和有效的电磁环境效应控制;③推进 DoD E^3 Program 三个目标,一是对于 DoD 成员开发、生产或操作的电子系统、分系统和设备,完成有效可用的电磁兼容值,二是达到内置的设计兼容性而不是通过事后的测量来补救,三是鼓励更一般性的思想、方法、策略、技术和步骤,排除在开发、设计、生产、测试和操作过程中 E^3 不可接受的降级。

虽然美军没有提出电磁环境复杂性这一概念,但对战场电磁环境的理解已大大拓展,对战场电磁环境的复杂性已有了充分的认识,明确指出了以上这些因素的"总和"构成了对"军队、设备、系统或平台在执行任务时"的威胁和影响。

在2007年1月25日颁布的新版《电子战》(JP3 - 13.1)条令中,美军认为,随着电磁设备越来越多地被民间和军事组织以及个人所单独使用或通过网络使用,用于情报收集、通信、导航、传感、信息存储、数据处理和其他各种用途,现代战争将在电磁环境越来越复杂的信息环境中进行,要赢得信息化战争,必须具有主宰电磁环境的能力。美军还认为,电磁环境是动态多变的,在联合部队部署期间,随着部队的逐步展开,联合部队的电磁辐射重叠于现有作战地域内的电磁环境上,将建立一个新的现实电磁环境,而且这个电磁环境将随着作战部队的重新部署和指控系统、监视系统、武器系统以及其他用频装备的配置而不断变化。因此,美军强调在作战计划制定阶段,联合频谱管理处要对作战地域内的电磁环境进行连续不断的分析推断,做出正确评估[5]。

美军十分重视对电磁环境问题的研究,在下大力气研究战场电磁环境的特点和规律,建立了相关的概念并以条令的形式固定下来,同时也认识到了电磁环境复杂性对电子系统和武器装备等产生了不容忽视的影响,并从组织体制、战场协同、装备研发和部队训练等各个环节采取多种措施积极消除这些不利影响。

2. 中国

随着军队信息化进程的不断加快,军事领域电磁应用日益广泛,以电子信息系统为核心的信息化装备大量投入作战,战场电磁环境日益复杂,复杂电磁环境已成为现代战场的重要特征和突出表现,对电磁空间的掌控已经影响到战争的成败和国家安全与战略利益的拓展。

1) 电磁环境基本理论

王汝群主编的《战场电磁环境》[6]中,深入研究了战场电磁环境的内涵、外延、要素、特征,对其如何影响武器装备运用和作战行动,以及如何侦测、构建、训练和管控等难点问题做了相应表述。王汝群对复杂电磁环境的理解是:在有限的时空里,一定的频段上,多种电磁信号密集、交叠,妨碍信息系统和电子设备正常工作,对武器装备运用和作战行动产生显著影响的战场电磁环境。此外,王汝群认为,分析复杂电磁环境对装备运用及军事行动的影响,不能只限于考虑其通过电磁能量的形式带来的影响,还应考虑复杂电磁环境中敌方电磁探测信号,以及己方辐射的电磁信号被敌方截获等造成的方位信息及相关情报信息泄露的影响。

此后,王汝群从系统论和复杂性科学的角度指出,复杂电磁环境是在开放的电磁空间内,由不同层次、数量巨大的多种要素相互联系、相互作用,共同形成的开放的复杂巨系统,其本质属性表现为动态的漏洞性、远离平稳态的临界性和剧烈联动的突变性等复杂系统的特征;同时也指出,正是由于大量电磁活动在"四域"变化上的错综复杂关系,使得战场电磁环境呈现空间、时间、频率和功率分布上的漏洞、突变和临界性,电磁环境的复杂性就是其各种构成要素在"四域"的分布和变化共同涌现的结果[7]。

刘尚合院士提出,电磁环境效应是电磁能量通过传导耦合和辐射(场)耦合对电子装备、燃油和人员的影响,并具体将电磁环境效应的作用机理归纳为热效应、强电场效应、电磁干扰效应以及磁效应四个方面[8];并进一步指出,战场电磁环境是在一定的战场空间,由时域、频域、能域和空域上分布密集、数量繁多、样式复杂、动态随机的多种电磁信号交叠而成的,对装备、燃油和人员等构成一定影响的电磁环境。复杂电磁环境是信息化条件下的战场电磁环境,是信息化战场区别于机械化战场的显著标志和突出特征,复杂电磁环境通过电磁能量对装备、物资、生物体等产生作用,进而间接对军事行动(包括装备保障活动)产生影响。

各领域对复杂电磁环境形成的客观性基本达成共识,存在的分歧主要在对"复杂电磁环境"的界定,表现为两种:一种认为电磁环境的复杂性与军事行动受影响程度关系密切;另一种认为复杂电磁环境是一种客观存在,是否对军事行动产生影响不是决定复杂电磁环境的本质所在。

我们倾向第一种观点,复杂电磁环境是随着战争形态和军队建设向信息化转型而逐渐出现的,主要是特指战场电磁环境而言的,它主要由战场敌我双方的军用电磁辐射、各种民用电磁辐射,以及无意电磁辐射、自然电磁辐射和辐射传播因素等要素构成。其中,敌我双方的电磁对抗与反对抗是导致战场电磁环境复杂化的核心要素。正是由于现代战场上电磁辐射源及电磁信号高度密集、样式繁多、种类各异,各组成要素之间相互联系、相互作用,才造就了战场电磁环境的复杂化。在现阶段乃至未来相当长一段时期内发生的战争中,只要敌对双方有一方具备一定的信息化作战能力,就会使作战双方都置身于复杂电磁环境之中。

2) 复杂电磁环境度量

目前,比较主流的观点是,根据电磁信号在时域、频域、空域和能域的特征变化情况,对电磁环境复杂度进行分级,尽管评价标准稍有不同,但基本都能够从频谱占用度、时间占有度、空间覆盖率和电磁环境平均功率密度谱四项特征指标来度量"四域"复杂度[9-10]。这种分级方法充分依据客观数据,基于电磁信号本身的描述,对客观存在的复杂程度进行整体分级,再由"四域"的计算结果来对照判断所处电磁环境的复杂度,可以使作战人员对战场电磁环境的全貌和所处电磁态势有总体的把握。但这种度量方法也有其弊端:首先,无法直接反映复杂电磁环境对武器装备运用和部队作战行动的影响;其次,没有考虑到战场电磁环境的动态性,工作量大、可操作性较差;再次,这种分级方法没有考虑到复杂电磁环境的相对性,对研究复杂电磁环境下作战运用的实际意义不大[11]。

从可操作性角度考虑,可将武器装备在复杂电磁环境下效能下降程度及部队作战受影响的程度,作为评估复杂电磁环境的复杂度度量标准,能够直观看出复杂电磁环境对武器装备运用和作战行动的影响[12-17]。从操作层面上讲,还可以从设备级到系统级再到综合级所受复杂电磁环境影响效能下降程度,由"底层单元"向上聚合,最终得出整个战场的电磁环境复杂度。最后,从总体上讲,可以从主、客观两方面对电磁环境的复杂性进行综合评价[18-20]。

3）战场电磁环境可视化

战场电磁环境可视化技术是复杂电磁环境研究的重点和难点,目前,可以做到从雷达探测范围三维可视化到电磁辐射源三维电磁场的等值面绘制[21-22],虽然只是对电磁辐射能量在空域和能域上的分布情况研究,却是非常有价值的探索。下步重点研究方向可参考的方法是根据复杂电磁环境特性,重点考虑复杂电磁环境能量效应、信息效应和管控效应,从背景信号检测及辐射源分析、电磁环境控制预测、电磁环境控制生成、电磁环境监测和电磁环境有效性评价五大核心环节,把握可视化过程中复杂电磁环境控制关键步骤以及实现过程[23],强调可视化系统的适用性和灵活性,具体包括:整合使用科学计算可视化和信息可视化技术,增加更丰富的无线电信息资源数据库和使用模块化软件结构。

1.2.2 军事应用

1. 美国

美军经过几十年的不断研究和海湾战争、阿富汗战争以及伊拉克战争等实战经验总结到:电磁环境对武器装备效能发挥具有极端重要性,电磁资源的紧张和资源破坏对军事行动有严重威胁。同时,美军还发现:依照电磁原理工作的武器设备和系统具有电磁易损性,在较为复杂的战场电磁环境下,其完成规定任务的能力将明显降低,降低的程度视电磁环境复杂程度而定。通过这些经验总结,美军在对战场电磁环境的认识,电磁空间对抗理论的研究和发展,电子战武器装备的研制与开发,电子战力量的建设,以及在越来越复杂的电磁环境下进行军事训练和电磁频谱管理等诸多方面,都有其独到的见解和做法。具体包括以下六个方面:

(1) 不断提升战场电磁环境的地位和作用,并将其作为信息空间的主要组成部分和打赢信息化条件下战争的重要领域。在 2007 年美军颁布的 JP3-13.1《联合电子战》新条令中,明确把电子战界定为信息行动的五种核心能力之一,并强调指出,现代战争将在被电磁环境日益复杂化的信息环境中进行,要赢得信息化条件下的战争必须主宰电磁环境。

(2) 对电子战理论进行周期性推陈出新,在日益激烈的电磁领域斗争中始终有法可依。1969 年,美军政策备忘录就对电子战进行了定义;1990 年,对政策备忘录进行了完善;1993 年,对政策备忘录中电子战定义进行了较为彻底的修订;2001 年,颁布的《FM3-0 作战纲要》中明确了电子战样式,并在 2007 年新版《联合电子战》条令中将电子战样式进一步细化。

(3) 大力推进电子战武器装备发展,促使其向三军通用综合一体化方向发展。在武器装备研发中,美军各军种单独发展的装备正在逐步减少,各军种联合开发电子战装备成为主要形式。

（4）由单纯的电子战力量向综合信息战力量拓展，积极抢占信息空间的"制高点"。由于电磁频谱的迅速扩展，美军由单纯强调电磁环境变为更加强调信息环境，开始把信息环境中的电磁频谱部分称为电磁环境。这种认识使美军的电子战力量逐步朝综合信息战力量方向发展。

（5）积极变革传统的军事训练体系，不断提高部队适应未来战场电磁环境的能力。从20世纪70年代开始，美军就先后建设了埃格林、埃德华、内利斯等电子战试验训练基地，将电子信息装备置身于模拟的战场电磁环境下进行效能检验。海湾战争后，美军就提出把电子战训练纳入正常训练内容，并突出电子侦察、电子进攻、电子防御的训练。

（6）对电磁频谱实施科学有效的管理，合理充分地利用电磁频谱资源。采取的措施主要有：一是成立专门的频谱管理机构；二是制定安全法规，如《联合军事行动中的电磁频谱使用指南》等；三是开发频谱管理系统。

在装备电磁兼容性设计方面，美国总统卡特于1979年发布的第59号指令中就强调了核电磁脉冲对美国的严重威胁，要求国防部在开发每一种武器时，必须考虑电磁脉冲防护能力。1986年，美军完成了电子元器件易损性与加固测试计划。20世纪90年代后，美军已经把各种电磁危害的作用归纳为武器装备在战争中遇到的电磁环境效应问题，并于1993年完成了"强电磁干扰和高功率微波辐射下集成电路防护方法"的研究。在试验对象上，美军从电子元器件到F-16战斗机以及B-52轰炸机等大型武器装备都进行了整机电磁脉冲模拟试验，建立了武器装备电磁脉冲效应试验数据库。即使是陆军使用的常规武器装备，也进行电磁环境效应试验考核，如雷达等电子装备部件和弹药包装袋都有抗静电和防电磁危害的功能。美军已把"对电磁脉冲的防护能力"列入其军标和国标中，明确指出"确保电磁频谱使用，对于美军的战略、战术系统完成战斗任务是十分重要的"。美军有关报告中强调，集成化保障应十分重视武器装备的电磁环境效应，"所考虑的电磁环境效应包括静电放电、电磁兼容、电磁敏感性、电磁辐射危害、雷电效应、电子对抗等14种因素"；同时强调"应把电磁环境效应问题和每个武器系统的维修计划与集成化保障计划放在同等重要的地位"。目前，美军已将电磁脉冲的防护纳入各个军事装备系统的作战需求，取得了较好的成果，大大提高了其装备保障信息系统和武器装备的战场生存能力。

在战场电磁环境可视化方面，美军走在了前列。美军为对其陆、海、空三军依赖电磁频谱系统提供有效的频谱支持，以及为了电磁兼容等问题的分析，开发了一系列的数据库、模型和图形化分析工具，从评估选用的频段到详细的电磁环境模拟，为实现其作战意图提供辅助支撑。主要有电磁环境图形化分析工具（Graphic Analysis Tool for Electromagnetic Environment，GATE）、联合电磁环境效应评估工具(Joint E³ Evaluation Tool,JEET)、联合频谱中心军械电磁环境效应风险评估数据库(JSC Ordnance E³ Risk Assessment Database,JOERAD)、升空系统电磁干扰修正作业程序(Air System EMI Corrective Program,ASEMICP)、战场电磁环境模拟系统(Combat Electromagnetic Environment Simulator,CEESIM)。

在电磁环境预报评估方面,美军主要的电磁环境预报评估系统有[24-25]:美国海军海洋系统中心研制并于 20 世纪 80 年代投入使用的综合折射效应预报系统(Integrated Refraction Effects Prediction System,IREPS);美国圣地亚哥海军司令部、海洋监视与管控中心、研究发展测试评估部对流层小组于 20 世纪 90 年代研制的无线物理光学、地形抛物方程模型;美国圣地亚哥空间和海军作战系统中心大气传播分部(Space and Naval Warfare Systems Center Atmospheric Propagation Branch,San Diego,CA)于 20 世纪 90 年代研制的高级传播模型。现在,应用比较多并已装备美军的是美国圣地亚哥空间和海军作战系统中心大气传播分部(SSC San Diego Atmospheric Propagation Branch,San Diego,CA)研制的高级折射效应预报系统[26](Advanced Refractive Effects Prediction System,AREPS)。AREPS 是一种更为先进的覆盖甚高频(VHF)以上整个微波波段的无线电性能预测评估系统,它主要基于抛物线方程(Parabolic Equation,PE)方法,不仅可以预测复杂大气条件下海面上的电波传播特性,还可以准确预测各种不规则地形对电波传播产生的反射、折射和绕射效应。AREPS 是一个可以预测复杂环境下电波传播特性的电磁环境评估系统,目前主要应用于美国海军各基地的指挥自动化、雷达、电子战和军事通信系统,为其战场态势评估提供电磁环境参考数据[27]。

在作战电磁频谱管控方面,美军认为,在联合部队部署期间,随着部队的展开和逐步加强,联合部队的电磁辐射重叠在作战地域现有的电磁环境上,将建立一个新的不同的电磁环境,而且这个电磁环境将随着部队的重新部署和指挥控制系统、监视系统、武器系统和其他使用频谱的系统的重新配置而不断变化。因此,美军强调在计划制定阶段,联合频率管理处要对作战地域的电磁环境进行连续不断的预报,做出正确的评估。同时,美军还认为,由于电子战与电磁频谱的破坏(电子攻击)、保护(电子防护)和监视(电子战支援)密切相关,电子战计划人员必须与使用电磁频谱的其他军事行动及不希望受到电子战影响的第三方电磁频谱用户协调其计划活动。在作战实施期间,电子战参谋人员的一项重要任务就是对频谱进行动态管理。通常情况下,联合保护频率表和辐射控制计划是在作战中既能保持电子战的灵活性,又不损害己方使用电磁频谱的两种工具。

在军事训练方面,美军非常重视模拟和虚拟现实训练手段的运用,构设逼真

的电磁环境开展训练,以提高部队训练实战化水平。采取的主要方法有:

(1) 利用真实的电子装备模拟战场复杂电磁环境。电子信息装备尤其是电子对抗装备的作战针对性是比较具体的,真实的武器装备始终是构建逼真战场环境的首选,电子装备也是如此。但由于电子装备直接关系到战场上的制信息权,一般很难获取敌方的电子装备实体,通常是通过在战争中缴获或者从第三国购买。1989 年,德国统一使得北约波利冈电子战靶场获得了大量苏制 SA – 6/SA – 8 地空导弹系统、ZSU – 23/4 四联火炮、SPN30 和 SPN40 地形匹配雷达干扰机等系统,使之一举成为以美国为首的北约靶场中承担针对苏式防空训练任务的主要基地。在 1999 年参加科索沃战争前,美国空军、意大利和法国等国家的电子干扰飞机都进行过相应训练,目的就是提高复杂电磁环境下的作战和保障能力。

(2) 利用大量模拟器模拟战场复杂电磁环境。美国中部的大西洋电子战靶场配备的威胁信号模拟器,可模拟 SA – 2/SA – 3/SA – 5/SA – 6/SA – 8/SA – 11 地空导弹系统、ZUS – 23/4、通信干扰机和 I/J 波段干扰机等信号。该靶场目前有 30 多个站点,每个站点部署 1 部到多部模拟器,需要时,还可随便部署在场区的任何位置。

(3) 利用现代化计算机模拟技术模拟逼真的战场复杂电磁环境。为了使训练场更加接近战场环境条件,采用计算机模拟与仿真技术来模拟未来战争中武器装备系统的性能指标、作战性能、战场背景、战场环境、兵力部署以及模拟战斗态势和战斗过程,也是比较常见的一种环境构建方法。美国的训练中心配备有各种性能先进、功能齐全、系统配套的模拟训练系统。例如,美国陆军电子靶场为了更有效地进行 C^4I 系统的试验、鉴定和训练,开发了一套大型软件试验平台——星船系统,该系统可用于电子靶场或电子靶场之外的试验和训练,能够实现对试验仪器监视和控制。

(4) 利用分布式交互仿真技术构设联合作战条件下的战场复杂电磁环境。现代联合作战条件下,为了建设更大规模的联合作战条件,还可采用分布式交互仿真技术。美军在"千年挑战 2002"演习中,利用分布式交互仿真技术将分散在美国的 26 个指挥中心和训练基地的各军兵种指挥人员置于同一背景、同一战场态势、同一作战想定之下,成功地进行了一次实时同步的联合作战大演习。美军联合作战指挥控制中心提出研制的"联合四项"电子战模拟系统,是一个指挥演习工具,主要是对空中战术作战和防空作战的电子战环境进行模拟。该模拟系统将电子战系统对训练想定结果的影响进行了量化,主要包括联合战役战术电子战模拟、联合网络模拟、联合作战信息模拟以及联合作战指挥控制攻击模拟。使用户能够同时对敌我双方雷达、通信、干扰系统参数、实体种类和飞机进行描述,然后用户通过创建一个网络链接和网络结构建立一个指挥、控制和通信的体系框架,从而构建联合作战条件下的复杂电磁环境[28]。

2. 苏联/俄罗斯

苏联时期,苏军就已经开展了强电磁脉冲对电子元器件及电路的辐射效应试验研究,并建立了大型电磁脉冲模拟器,对军舰等大型武器装备进行抗电磁脉冲的模拟试验。俄罗斯于 1993 年就完成了电磁脉冲对微电子电路效应试验和防护技术研究,其武器装备一般都有抗静电和抗电磁脉冲的技术指标。现代化武器装备在出厂时,就具有抗静电放电和抗电磁辐射的能力。即使是对常规武器装备,俄军也进行电磁环境效应试验。在电子信息装备研发过程中,俄军坚持统一标准,强化技术体制和技术规范的制定,加强电子信息装备的一体化建设,做好电子信息装备的电磁防护和兼容工作,如俄罗斯的"红土地"末制导炮弹等装备都设计有抗静电、抗电磁脉冲的指标。

俄军认为,现代军队的威力取决于它装备的电子系统和设备。而现代武器装备的有效运用,起决定性作用的是对电磁辐射频段的使用。同时,还要求所有指挥员都要了解和掌握敌我双方电子信息装备有意或无意的电磁辐射,做好在复杂或不利的电磁环境下运用电子设备的准备。由于在有限的地域内配置大量的侦察、通信、防空及无线电电子斗争设备,会出现严重的相互干扰,将明显削弱指挥系统的指挥控制能力和制导武器的作战能力,为消除电子设备之间相互干扰,电子对抗部门主任应制定电磁兼容保障的措施,包括无线电频谱的使用和选择电子设备的使用条件两个方面。战时,由作战部门提出需要重点保证的频谱资源,由电子对抗部门会同相关部门拟制电磁频谱使用协调计划,经参谋长批准后执行。作战过程中,由电子对抗部门主任负责电磁兼容和频谱使用冲突的有关协调工作。

1.3 组网雷达研究与应用

1.3.1 理论研究

1. 国外

雷达组网技术是各国(地区)均较为关注的前沿技术,在 20 世纪 60 年代就已经开始了组网雷达作战效能评估研究。但是由于保密的原因,公开文献中很少提到具体的量化指标、评估模型和试验流程及结论。尽管如此,从现有文献中不难看出,国外研究人员对该问题做了大量的研究。

1)配置和布站

文献[29]对分布式网络雷达这一概念提出了自己的设想,并研究论证了组网雷达抗反辐射导弹摧毁的生存能力。文献[30]根据雷达方程和模糊隶属度函数对组网雷达进行了分析和评估,并指出组网雷达对目标检测的灵敏度和模糊度不仅与雷达参数有关,同时与雷达的数量、布站位置以及雷达发射机和接收机的种类也有较大关系。文献[31]给出了受压制干扰下组网雷达的探测距离、暴露区的定义,并对影响干扰效果的因素进行了归纳。文献[32-33]分别从空域覆盖范围、反隐身探测两个方面对组网雷达探测能力进行了深入研究,为组网雷达合理配置以及优化布站提供了理论依据和数据支持。文献[34]提出了电磁波高级传播模型(Advanced Propagation Model,APM)并开发了相关仿真软件。该模型综合考虑了大气和地形对电磁波传播衰减的影响,是目前较为准确的电磁衰减计算模型,广泛用于雷达信号衰减的数学建模。文献[35-36]基于雷达方程研究了大气折射对雷达探测范围的影响,并结合地理信息系统(Geographic Infomation System,GIS)研究了地形对雷达探测范围的影响。在 GIS 上表现了单部雷达和雷达组网时探测范围在不同高度的二维视图及总体三维视图,但文献中雷达模型没有考虑大气吸收散射衰减和多径干涉对探测范围的影响。

2) 协调管理

文献[37]从物理层对超带宽噪声组网雷达的数据通信和信号传输系统进行了分析,结果表明两者可以同时进行。在此基础上,提出了一种双路复用接口控制算法,并通过物理层结构设计,实现了组网雷达数据和信号的双通信控制。文献[38]设计了一种组网雷达自治管理系统结构,提出了组网雷达的资源管理函数、信息管理函数、服务管理函数、雷达控制函数、效能分析函数,为组网雷达管理提供了一种闭环控制方法。

3) 信息与数据融合处理

文献[39]提出了适用于组网雷达的目标波动模型,文献[40-42]发展了计算方法,推广了目标波动模型。文献[43]在分析隐身飞机雷达反射信号特点基础上,提出了基于 Neyman-Pearson 准则的组网雷达抗隐身飞机数据融合处理模型,并在仿真条件下进行了验证。该模型在保持融合检测虚警概率的前提下使组网雷达的检测概率最大化。文献[44]通过将数值优化函数引入航迹融合算法,提出了一种快速的组网雷达定位跟踪方法,并比较了分布式信息融合和集中式信息融合两种方式的目标定位精度。文献[45]设计实现了一个信号级的组网雷达仿真系统,该系统针对组网雷达信号处理过程中的相位延迟、多普勒频移、同步延迟以及噪声环境干扰建立相应的仿真模型,并通过试验验证了模型的准确性,为组网雷达分析提供了一种可行的方法。

2. 中国

我国对组网雷达研究起步相对较晚,但进步较快,近年来成果丰硕,为组网雷达探索研究奠定了较好的理论基础,对组网雷达建设发展有很好的指导意义。

1) 作战能力/效能评估

组网雷达作战能力/效能评估的重点对象是"四抗"能力和预警探测能力,多数采用主观评估方法(以层次分析法和模糊综合评估法等为代表),指标权重值的客观性和准确性较低,尽管提出了一些指标量化方法,但由于所采用的模型相对简单,评估指标的计算精确度有待提高。文献[1]对组网雷达作战能力进行了系统分析研究,提出了组网雷达作战能力评估指标体系,提供了一套完整的系统的评估方法,特别是给出了组网雷达静态作战能力的评估方法,采用层次分析法和专家打分法对组网雷达"四抗"综合能力进行了评估。文献[46]通过分析雷达装备复杂电磁环境适应性的影响因素,提出了雷达装备复杂电磁环境适应性五个方面评价指标,即电子对抗侦察环境适应性、电子干扰环境适应性、电子摧毁环境适应性、目标低空环境适应性和目标隐身环境适应性,继而构建评价模型,经实例验证了模型的合理性和方法的可行性,也为雷达装备在电磁环境适应能力上的建设提供了参考。文献[47]研究了组网雷达对抗反辐射导弹的作战效能,给出导引头分辨目标时的截获概率计算方法,推导计算出反辐射导弹(ARM)多次攻击雷达网时的杀伤概率通用公式。文献[48]指出,可通过比较组网雷达受干扰前后信息提供能力,评估组网雷达抗干扰效能。文献[49]根据组网雷达的组成和性质,对组网雷达的可靠性进行了定义,并初步研究列出了相应指标,及部分指标量化公式。文献[50]给出了组网雷达综合发现概率和隐身飞机姿态角概念,建立了综合发现概率模型,对组网雷达反隐身能力进行了评估。文献[51-52]采用数值分析的方法研究了组网雷达的探测能力和预警时间问题的分析与建模。文献[53]针对动态雷达组网系统效能评估问题,建立了组网雷达动态效能模型,选取了探测范围、发现概率和定位精度等主要指标来评估系统的探测效能,同时开发了仿真软件,为雷达合理部署和平台运动路线优化提供决策依据。文献[54]针对武器系统效能评估常忽略可信度分析的问题,基于证据理论给出了组网雷达"四抗"能力的评价方法。通过组网雷达综合评价实例计算,得到了合理的评价结果,为设计和优化雷达组网方案提供了一种有效方法。文献[55]通过对雷达组网的因素分析,建立了组网雷达层次结构模型,并利用层次分析法确定了各因素的权重,用最优指标法得出指标层的得分值,提出了组网雷达"四抗"综合能力量化评估方法。

2) 探测范围计算

文献[56]采用一种"逐点计算"探测范围方法,通过判断点是否在某个区域内来绘制不同干扰情况下组网雷达的平面探测范围图,实现组网雷达探测范围图的动态绘制。文献[57]通过在自由空间雷达方程中引入干扰条件使雷达方程的适用环境得以扩展,提出了干扰条件下雷达探测范围计算模型,并利用 Matlab 绘图功能,绘制了在无干扰和强干扰条件下的水平面、垂直面和立体空间 雷达探测范围。文献[58-59]采用二维图形可视化的方式建立了二维雷达可 视化模型,实现了对组网雷达探测范围的可视化展示。文献[60]提出了一种考 虑地形影响的雷达探测范围计算模型。通过从 Globe 地图中任意抽取电波传播 路径的地形边界,并应用抛物方程(Parabolic Equation,PE)模型计算雷达波在任 意地形上传播损耗,从而获得基于传播损耗的雷达探测范围。该方法克服了几 何光学法(Geometrical Optics,GO)在复杂地形中无法准确建模的缺点。

3)配置和布站

在优化布站中,研究的重点集中在优化布站模型和求解方法。考虑到优化 布站属于约束多目标优化问题,即根据组网雷达作战能力/效能提出优化布站的 基本原则和指标量化模型,因此智能优化算法在模型求解和仿真试验中被广泛 采用。文献[61]利用遗传算法全局搜索能力强、收敛速度快的特性,结合地基 组网雷达优化部署数学模型,提出了一种固有阵地的组网雷达优化布站方法,并 通过计算机仿真试验验证了该方法的有效性。文献[62]基于遗传算法的组网 雷达优化部署算法,采用综合性能函数作为优化目标函数,在种群产生时加入约 束条件,将有约束问题转化为无约束的优化问题,克服了枚举法执行速度慢和专 家推理法知识组合爆炸的问题,该方法能达到最优或准最优解,是一种有效的组 网雷达优化部署方法。文献[63]针对战区防空预警体系雷达网面临隐身、干扰 和低空突防等多种威胁的问题,提出了基于情报质量和探测效能相结合的大区 域组网雷达优化部署方法,建立了雷达组网优化部署的评估指标体系和综合效 能计算模型,给出了基于遗传算法的雷达组网优化部署求解过程,该方法能显著 提高组网效能,对雷达组网作战应用有较高参考价值。文献[64]对组网雷达的 效费比、数量、类型方面的优化布站进行了讨论。针对自卫压制式干扰或随队压 制式干扰,给出一种组网雷达优化布站方法,并利用数据融合技术对这种布站方 法进行讨论。文献[65]根据组网雷达优化部署的原则,建立了一种雷达组网空 域探测覆盖系数模型。该模型考虑了战场环境等约束条件,通过混合型文化遗 传算法,进行了仿真试验,为约束条件下的雷达组网作战效能提供了一种可行方 法。文献[66]提出了一种基于网格离散化的雷达优化配置与布站数学模型,并 采用模拟退火算法进行了优化布站仿真。文献[67]根据组网雷达"四抗"原理 和优化布站原则,建立了一种组网雷达优化布站的数学模型,并利用改进粒子群 优化算法求解该模型。文献[68]根据隐身目标雷达反射截面积的分布特性,建 立了雷达对隐身目标探测范围的理想化模型,从站间顶空补盲的角度研究了组 网雷达优化布站问题,分别提出了目标来袭方向确定和不确定时的优化布站方法。

4）协调管理

文献[69]提出了一种组网雷达通信链路监测软件的设计方案,并对 Socket 通信、探询帧通信协议、链路通断状态判断、链路故障设备定位等关键技术进行了分析,介绍了对组网雷达中有线链路、无线链路状态的有效监测及故障诊断方法。文献[70]在分析地面组网雷达拓扑结构的基础上,提出了一种以光纤网为通信媒介的雷达组网架构,从雷达的数据安全出发,设计了一款组网雷达监控软件。

5）数据融合

在组网雷达数据融合技术方面的研究,主要集中于目标航迹融合、目标识别等问题,其主要的方法包括滤波器设计与改进、信噪比加权融合等。文献[71]为了提高组网雷达数据融合处理效率,保证融合航迹的实时性和正确性,提出了四种比较实用的数据编排方法,即扇区编排法、时间分区法、位置动态分区法及网格分区法。文献[72]针对组网雷达存在系统误差情况下的目标航迹关联问题,提出了一种基于复数域拓扑描述的系统误差配准目标航迹对准关联算法。该算法通过构建粗关联波门来对目标航迹进行试验关联,建立航迹对准关联信息矩阵。通过矩阵合理拆分获得可行对准关联矩阵集合,进而计算各可行对准关联矩阵的可行度,获得最终航迹对准关联关系。文献[73]从雷达获取信息的特点入手,提出了组网雷达在压制式干扰下利用残留信息的方法和在欺骗式干扰下剔除假目标的方法。

1.3.2　军事应用

作为防空反导、空间监视的重要手段,组网雷达系统一直是传统军事强国重点建设的内容和方向。以美国为首的北约和苏联解体后的俄罗斯,两大军事阵营在发展组网雷达方面不遗余力。

1. 美国

美国拥有当今世界上最庞大、最先进、预警程序最复杂的战略预警系统。功能上可兼顾战略、战术预警;手段上被动与主动、地基与海基/空基/天基相结合,天地一体,协同联网,网站配置遍及全球,总体监测能力很高。系统不仅能跟踪、支持各类卫星,而且可以用于监测导弹活动及空间碎片。其主要特点是手段多样,即地面系统有多个雷达系统、光电跟踪监视系统、光学观测站,空中系统有预警机、侦察机,空间系统有预警卫星;系统集成方面,在其他信息系统的支援下,天地系统联为一体;功能方面,能迅速发现目标,提供较长的预警时间。

1）美国战略预警系统

美国战略预警系统采用两套不同的预警配系来分别预警战略轰炸机、巡航导弹和弹道导弹,这两套预警系统分别为天基预警系统和地基空间目标监视与跟踪系统。

天基预警系统由"国防支援计划"卫星构成。目前"国防支援计划"卫星已发展到第三代,由设在美国的本土地面站、设在澳大利亚的海外地面站,以及设在德国的欧洲地面站控制。受海湾战争的启发,美国研制了专供战术指挥官使用的称为联合战术地面站的战术监视地面站,可直接接收和处理两颗或更多颗卫星数据,缩短数据传输时间,为战区反导提供较充足的预警时间。未来"国防支援计划"卫星系统将被正在发展的天基红外系统所取代。

地基空间目标监视与跟踪系统主要由美国空军和海军航天司令部指挥的7大部分组成:

（1）空军空间监视跟踪系统:美国空军的一个全球性系统,主要用来探测、跟踪和识别各种空间目标。该系统由1个传感器网(有源空间监视系统)、2个光学观测站、3个雷达跟踪站和5个光电观测站组成。

（2）海军空间监视系统:由设在达尔格伦的海军航天司令部空间监视中心负责操纵的空间监视系统。该系统由3座大功率发射站和6座接收站组成,沿北纬33°线建立在美国南部,全长4800km,从海岸线向外延伸1600km,向空间深入24100m。中央发射机在得克萨斯州的基卡普湖,发射功率766kW,阵列长3269m。另外2个小的发射机分别设在亚利桑那州的希拉河和亚拉巴马州的约旦湖。此外,还有6个接收站和6座其他传感雷达站。

（3）弹道导弹预警系统:过去主要用来预警由苏联发射经北冰洋袭击北美的洲际导弹。该系统设有3个预警站,每个预警站通常部署3~5部雷达,并配有综合自动检测和监视设备。各雷达预警站与北美防空联合司令部之间建有独立的通信线路,信息传递到导弹预警中心只需10s。

（4）潜射弹道导弹探测系统:主要用于探测来自两洋的潜艇发射的弹道导弹。该系统原来由7部ANFSS-7抛物盘式雷达组成,东西海岸各3部,得克萨斯州1部。1972年,美国和加拿大又增加了1部ANFPS-85雷达和1部海军的PAR(ANFPS-16)环形搜索雷达,跟踪从北冰洋地区发射的潜射弹道导弹,并提供来袭洲际弹道导弹的弹头数量和弹道信息。20世纪80年代,潜射弹道导弹探测系统进行全面改进,安装了4部ANFPS-115"铺路爪"大型相控阵雷达。90年代,美国空军又在加勒比海地区实施了一项超视距监视计划,并在弗拉迪角的埃格林空军基地部署了1部ANFPS-86雷达。潜射弹道导弹预警网与超视距雷达和空中预警机结合起来,可以提供6~15min预警时间。它也能为空间司令部显示卫星目标位置和速率数据,可靠度达 99%。

(5)联合监视系统:根据美国空军 968H 计划,联合监视系统是作为"赛其布克"的后继者,旨在保卫美国和加拿大领空的航空警戒监视系统而问世的。联合监视系统共有 9 个地区作战控制中心。其中,1988 年在冰岛建成有一个临时中心。该系统监视传感网共有 85 个雷达站,其中美国本土 47 个。该雷达网在美本土及其周围形成一个宽度达 320km 的监视雷达覆盖区。1 个监视雷达站通常有 3 部雷达,其中,1 部远程监视雷达,1 部远程航路监视雷达,1 部测高雷达。该系统雷达昼夜监视本防区的空情,探测、跟踪和识别前来空袭的敌机和巡航导弹,并指挥、引导防空武器拦截。

(6)北部预警系统:是由远程预警线发展而来,远程预警线主要用于防御从北极方向来袭的轰炸机和巡航导弹。由于采取了向北推前部署,可在其到达美国本土前 2.5h 发出警报。与此对应,还有一个近程预警线(又称"松树线"),沿北纬 49°配置在美国最北部,横贯加拿大东西海岸。该预警线拥有 24 个雷达站,配备各种用途的雷达 100 部,平均每个站装备 4 部雷达,它们的测距较远,可发现 800km 外的目标。

(7)地面深空光电监视系统:是一个被动跟踪系统,是美国空军空间监视跟踪系统的一个重要组成部分。该系统在地球纬度相近的地区建立 5 个光电观测站以组成一个全球光电空间监视网,这 5 个工作站分别设在白沙(新墨西哥)、毛伊(夏威夷)、大邱(韩国)、迪戈加西亚岛(印度洋)、葡萄牙南部地区。1994年,在新墨西哥州的克尔特兰德空军基地,一座新的观测站投入运转。该系统主要装备主望远镜、电子视频图形放大器、4 台 PDP1170 小型计算机,软件包有 40万条机器语言指令[2]。

2)美军弹道导弹防御系统

美军弹道导弹防御系统的建设主要集中在战区导弹防御、国家导弹防御和先进的弹道导弹防御技术发展三个领域。目前,美国已经部署的战区级导弹防御系统有"爱国者"系统、"宙斯盾"系统、战区高空区域防御系统,国家级导弹防御系统有陆基中段防御系统。

"爱国者"系统是 1964 年美国国防部开始建设的一个陆军战区机动防空系统,从 1988 年开始升级为能够防御战术弹道导弹的"爱国者"Ⅰ,主要拦截处于飞行末端的弹道导弹,对战区 100km 范围内提供防御。虽然"爱国者"系统技术成熟、部署数较多,但其防御范围较小。"爱国者"Ⅲ导弹的射程和射高都只有15km,只能对战区提供小范围的末端导弹防御。目前美国陆军在本土、日本冲绳地区、德国、韩国至少部署了 14 个"爱国者"导弹营。

1995 年起,美国海军对舰载"宙斯盾"系统进行改进,使其具有弹道导弹防御功能,该系统对弹道导弹的拦截高度为 70~500km,拦截距离为 1200km。系统由装备有"宙斯盾"系统的巡洋舰或驱逐舰及其携带的"标准"-3 导弹组成。"宙斯盾"系统探测的目标信息也可以与陆基中段防御系统共享。2004 年,美国海军开始部署第一艘装有弹道导弹防御系统的改进型"宙斯盾"驱逐舰。目前,"宙斯盾"系统只能在大气层外对飞行中段的弹道导弹实施拦截,不能对再入大气层的导弹进行拦截。

鉴于"爱国者"系统防御范围较小,美国陆军于 1992 年开始研制战区高空区域防御系统(萨德)。该系统可以为战区部队提供大范围区域的导弹防御,它的最大拦截距离为 200km,拦截高度为 40~150km。系统于 2009 年开始部署第一个火力单元,到 2014 年部署 4 个火力单元。每个火力单元由雷达、指控与通信系统和 24 枚拦截导弹组成。目前,该系统已经进行了至少 13 次拦截试验,11 次拦截成功。其拦截高度上限为 150km,可对中程弹道导弹的飞行中段和洲际弹道导弹的飞行末段进行拦截。

陆基中段防御系统是美国目前唯一的国家级导弹防御系统。系统配备的陆基拦截导弹最大拦截高度为 2000km,拦截距离为 5300km,可以对大气层外飞行中段的弹道导弹进行拦截。该系统建设的最终目标是为美国本土提供全面的导弹防御。目前,已经完成部署的预警探测雷达有 9 部,部署地域包括美国西海岸、东海岸、阿拉斯加、格陵兰岛及英国和日本。系统还包括天基预警卫星系统,由 5 颗地球同步轨道卫星组成。

2. 俄罗斯

俄罗斯在莫斯科周围部署的"橡皮套鞋"反弹道系统是一例典型的单基地组网雷达。该系统由 7 部"鸡笼"远程警戒雷达、6 部"狗窝"远程目标精密跟踪/识别雷达和 13 部导弹阵地雷达组成。其中,7 部"鸡笼"远程警戒雷达分别与 2~3 部"狗窝"远程目标精密跟踪/识别雷达联网,6 部"狗窝"远程目标精密跟踪/识别雷达又各与 4 部导弹阵地雷达联网。"鸡笼"远程警戒雷达作用距离比较远,最大作用距离可达 5930km,"狗窝"远程目标精确跟踪/识别雷达最大作用距离约为 2780km。"鸡笼"远程警戒雷达可对空中目标进行远距离搜索探测,并将目标信息(包括距离、方位和高度信息)送给"狗窝"远程目标精确跟踪/识别雷达。"狗窝"远程目标精确跟踪/识别雷达平时保持静默,当目标进入导弹射击范围时开始工作,对目标进行精确跟踪和识别;导弹阵地雷达只是在发射导弹时才开机工作[1]。

3. 法国

法国的 CETAC 防空指挥中心主要用于对近程防空系统和超近程防空系统的战术控制。在 CETAC 设计中使用了很多先进的电子设备和软件,其中包括高清晰度彩色显示器、触摸灵敏性屏幕、结构计算机、高级软件语言和跳频收发机。CETAC 具有警戒(空情报告、友方飞机保护、威胁评估、发送警报)、战术控制(战术空情报告、目标分配、武器状态控制)和指挥(C^3 指令、C^3 报告、机动和部署管理)等功能,该系统将"虎" – G 远程警戒雷达与"霍克"、"罗兰特"和"响尾蛇"导弹连的制导雷达及高炮连的火控雷达联网,实现空情预警、目标探测与跟踪、航迹校准、威胁评估、统一指挥和火力分配等功能。该系统还可接收当地雷达、STRIDA 网络(法国空军的 C^3 系统)、观测器和航空基地控制塔及其他防空武器系统(包括 Grotale、Crotale NG,Mistral SAM 和 20mm 双管轻型防空火炮)提供的信息并报警,同时还具有抗电磁干扰和抗生化武器的能力。CETAC 有车载型、空运型和地下掩体型,一般由 3 名工作人员指挥操作使用[1]。

4. 海湾战争

海湾战争中以美国为首的多国部队至少调集了 37 架预警飞机(其中,美国空军 E – 3C 预警飞机 5 架,美国海军预警飞机 24 架,沙特空军 E – 3C 预警飞机 5 架,英军派驻阿曼的"猎迷"预警飞机 3 架)组成了战区部署的史无前例的最庞大、最严密的空基预警雷达网,不仅覆盖了伊拉克全境,而且覆盖了多国部队全部展开区域(含波斯湾、阿拉伯海、红海和部分地中海水域),在争夺制空权的斗争中,经受了实战的考验,取得了明显的优势,证明该雷达网的性能是良好的。在这次战争中,组网雷达主要有以下两类[1]。

1) 空军空基雷达网

多国部队是从两条战线上轰炸伊拉克的:一是穿越沙特、伊拉克边境轰炸巴格达等伊拉克南部城市和军事目标;二是穿越土耳其、伊拉克边境轰炸伊拉克北部城市和军事目标。为了保证空军作战,要求空基雷达网应该能够覆盖伊拉克全境。在战区的预警飞机雷达网按照单栅预警线部署,在沙特、伊拉克边境和沙特、科威特边境一线是正面战场,折线化长度约为 1200km,若预警纵深为 600km,则预警飞机平均距边境线 50km 飞行时,在伊拉克境内有 259km 的预警纵深,可以覆盖伊拉克的中、高空域,再加上土耳其与伊拉克边界部署的一架预警机,便可以观察伊拉克首都巴格达的全部地面目标。

2) 海军空基雷达网

多国部队海军部署在波斯湾、阿曼湾、阿拉伯海、亚丁海、红海和地中海一线,共有舰船 140 艘,担负海上作战、搜查过往船舶、海上登陆作战及从海上轰炸伊拉克境内军事目标等任务。为了保证海军作战,美军出动了 7 艘航空母舰,每艘可载 70 ~ 90 架海军飞机,除作战飞机外,一般还可载 5 架 E – 2C 海军预警飞机和 5 架电子干扰飞机。战争中,美国出动的 24 架 E – 2C 预警飞机都是由这 7 艘航空母舰搭载的。此外,阿曼境内还有 3 架英军"猎迷"预警机,共有海军预警飞机 27 架,组成了一道严密的海上空基预警雷达网。

多国部队在海湾地区的空军、海军空基预警雷达网是比较严密的,与该地区海湾六国的陆基雷达网、地面侦察站、侦察飞机、侦察卫星等配合,各种传感器获得的观测信息被送到情报指挥中心进行融合处理,全面地掌握了伊军雷达、通信和控制系统的工作规律及战术技术参数,掌握了伊军作战指挥中心的防空导弹阵地、远程导弹阵地和通信枢纽位置,为有效确定空袭目标、进行电子干扰和反雷达攻击提供了可靠的依据。

1.4 作战能力评估技术方法

根据分析与评估使用的不同,包括组网雷达在内的武器系统作战能力分析与评估的基本方法有系统方法、效能分析方法以及数学建模方法[74]。

1. 系统方法

系统工程是系统科学在工程技术领域的实用性分支,武器系统效能分析则是军事技术系统工程的重要组成部分。广义而言,系统方法就是从系统观点出发认识和解决各种实际系统问题的方法论体系,或者从系统论的基本观点出发认识和解决各种实际系统问题的一整套方法模式。

运用系统方法研究和解决任一系统问题时,必须遵循六个基本原则:①整体性原则;②协同性原则;③目的性原则;④环境依存性原则;⑤模型化原则;⑥最优化原则。在运用系统方法分析系统时,还需要注意三个问题:①数学方法和语义描述方法相结合;②定量方法和定性方法相结合;③试验研究和科学抽象相结合。

2. 效能分析方法

依据工作原理,武器效能定量分析方法可以分为解析法、统计试验法和仿真模拟法等几类[75]。

1) 解析法

解析法是以数学分析、线性代数、概率论、运筹学等数学原理为工具,通过严格的数学推理、分析,获得武器系统确切的效能评价数据的处理过程。该方法的主要任务是建立武器系统在典型作战环境中作战效能评估的数学模型或度量公式。为此,必须建立评价武器作战效能的数学模型,由武器系统研究人员或者军事分析人员提供有关初始数据,在规定的约束条件下,借助数学模型进行分析处理,预测和评估武器系统效能。解析分析法是多年从事武器系统作战效能分析研究工作的国内外众多学者所采用的主要方法。解析法的特点是根据描述效能指标与给定条件之间函数关系的解析表达式来计算效能指标值。在这里给定条件常常是低层次系统的效能指标及作战环境条件。解析法不仅可以评估武器系统的静态特性,而且可以评估武器系统的动态特性。由于借助数学关系式描述对象系统,输入、输出关系明确,解析法在系统已经实现时可以运用,在系统设计、研制之前的论证阶段同样可以运用。在全寿命周期各个阶段,理解、检核和认识系统时,解析法都具有重要的实用价值。解析法的优点是公式透明度好,易于了解和计算,且能够进行变量间关系的分析,便于应用;缺点是考虑因素少,且有严格的条件限制,建立数学模型的难度较大,模型正确性也难以证实。因而比较适用于不考虑对抗条件下的武器系统效能评估和简化情况下的宏观作战效能评估。由于武器系统作战效能评估涉及太多的不确定因素,因此使用解析法评价其作战效能面临很大困难。

2）统计试验法

统计试验法是在规定的现场或精确模拟的环境中,观测武器系统的战技性能特征,通过实验室或者外场试验获取大量的试验数据,然后对数据进行分析获得评价结论的处理过程。根据具体使用方法的不同,又可以分为统计分析法、对比分析法等。其特点是依据实战、演习、试验获得大量统计资料评估效能指标,应用前提是所获取统计数据的随机特性可以清楚地用模型表示,并相应地加以利用。常用的统计评估方法有抽样调查、参数估计、假设检验、回归分析和相关分析等。统计试验法不但能得到效能指标的评估值,还能显示武器系统性能、作战规则等因素对效能指标的影响,从而为改进武器系统性能和作战规律提供定量分析基础。其结果比较准确,但需要用大量武器装备作为试验的物质基础,这在武器研制前是无法实施的,而且耗费太大,需要时间长。

3）仿真模拟法

仿真模拟法是以计算机模拟为试验手段、以数学模型为基础、以数字计算机为工具,开展武器效能分析研究的一种作战模拟试验方法。通过在给定数值条件下运行模型来进行作战仿真试验,由试验得到的结果数据直接或经过统计处理后给出效能指标估计值。实际上,这是一种解析分析法与统计分析法相结合的分析方法。以计算机为工具开展作战模拟试验,虽然需要一定的数学模型,但对模型的严谨性不像纯解析分析法那样严格,所以可以通过作战过程的模拟来弥补数学模型的不足。同时,通过模拟试验获取的大量数据,既可以对武器效能给出确切的评价,又可以对所建立和运用的数学模型的正确性进行验证。武器系统的作战效能评价要求全面考虑对抗条件和交战对象,包括各种武器装备的协同作用、武器系统作战效能的诸属性在作战全过程中的体现,以及在不同规模作战中效能的差别。总而言之,武器系统的作战效能只有在对抗条件下,以具体作战环境和一定兵力编成为背景才能有效评价。而计算机作战仿真模拟恰是除实战以外提供这种条件和背景的基本手段。这种方法比较详细地考虑了影响实际作战过程的诸多因素，因而特别适于进行武器系统作战效能指标的预测评估，对于武器系统作战效能的分析与评估具有不可替代的重要作用。

3. 数学建模方法

数学模型是以数学原理为基础建立的系统(效能)模型，既可以在武器系统建成之前规划、论证、设计时使用，也可以在武器系统建成之后鉴定、评价和使用时运用。此外，如果武器系统本身太复杂，建造实物模型耗费太大，为灵活有效、省时省事，也常常利用数学模型研究一些特定的系统问题。

现代科学技术已经为建立评价武器效能的数学模型开创了多种可能的途径：①严格理论性定量途径；②半经验、半理论定量途径；③经验性定量途径；④统计试验定量途径；⑤大系统分析途径。

武器系统作战能力/效能分析与评估是一门集数学、计算技术、运筹学和系统分析为基础的综合性学科，属于软科学范畴。美国最早利用仿真试验法来进行装备体系效能评估。在用解析法成功评估单件武器装备效能后，美国发现面对因素众多、交错关系复杂的装备体系时，解析法变得无法适应。他们利用仿真方法建立各种装备数学模型，用数学方法模拟各种大小战役全过程，以此作为假想试验手段，把各种作战方案、作战环境和装备放在一起进行假想作战，然后利用数理统计模型方法对大量的试验结果进行统计，发现战果与装备之间的数量关系，再调整试验条件，反复试验统计，直到发现现代价小、军事效益高的装备结构。20世纪后期至今，以美军为首的几次多国部队联合作战，更是将作战效能仿真评估技术系统地应用在战争决策中，而战争发展过程和结果与仿真过程和评估结论惊人的一致性将效能评估仿真技术在军事仿真应用中大大地推进了一步。

面对组网雷达这类综合一体化电子战大系统，根本的办法依然是从军事运筹学的基本原理出发，深入理解和认识系统、定义系统，理解系统作战目标和战术任务，理解和认识系统内部各子系统间的逻辑关联和相互关系，理解和认识系统同各类环境之间的联系和制约关系，在定性理解的基础上运用现有数学工具分别予以数量化描述，并把它们有机地综合成为一个整体，进行模型化表述。最终，通过计算机技术实现对模型的模拟仿真[1]。

随着仿真技术的不断发展，基于MAS的仿真方法具备了较好的发展前景。它可以将武器装备体系中因素众多、复杂交错的结构关系构建出来，建立武器装备作战模型，模拟装备作战过程。通过MAS仿真，可以将装备放在不同作战环境中，对各种作战方案进行仿真，利用数理统计方法对试验结果进行统计，发现装备运用与作战试验结果之间的关系，提高武器装备体系作战效能评估的效益。

第2章 战场电磁环境复杂性内涵分析

对于复杂电磁环境而言,无论是从其由来、构成,以及内部各要素之间的级联关系,还是从其与外部的联动影响上看,都应当是一种十分巨大,且动态多变的、开放的复杂系统[7]。研究基于信息系统的体系作战能力的作用机理和生成途径,就必须认知战场电磁环境的复杂性特性及其影响,理解体系及体系对抗、体系的整体涌现性如何获得。

战场电磁环境复杂性的科学内涵,可以从"物理维—认知维—效果维"三个范畴进行描述,如图2-1所示。其中:物理维描述战场电磁环境的来源和作用问题,即战场电磁环境是如何产生的,又是如何对装备使用适用性和作战效能产生影响的;认知维阐释对战场电磁环境的知晓、协同、管控和支配能力(战术战法和对抗措施运用能力等,如采用隐真与示假应对对手电子侦察,采用反制与抗御应对对手电子干扰,采用筹划、管控与取舍应对己方自扰互扰等措施);效果维分析电磁环境对武器装备战技性能、使用适用性、作战效能和体系作战能力的

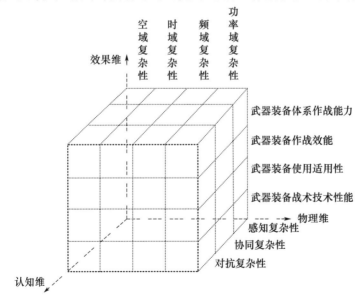

图2-1 战场电磁环境复杂性分析三维框图

涌现性效果[76]。

2.1 战场电磁环境复杂性的物理维分析

电磁环境复杂性物理维由空域、时域、频域和功率域（简称"四域"）构成，是战场复杂电磁环境态势的客观表现形式，是指在特定的战场空间内，在时间使用、频谱利用、功率变化等方面，形成了信号密集、种类繁杂、对抗激烈、动态多变的电磁环境，对战场感知、指挥控制、武器装备作战能力发挥以及战场生存等产生严重威胁影响。

空域、时域、频域和功率域的先后顺序是有一定的逻辑关系的，电磁环境的复杂与否首先是限制在大家感兴趣的空间范围内，因为不在同一空间内的电磁波，谈时间、频谱、功率的复杂性是没有任何意义的；其次，重点考虑用频设备的使用时机，不同频段的用频设备，无论何时使用，都不会影响彼此的工作状态，但相同频段的用频设备在同一时刻工作时就会造成相互干扰；再次，电磁频谱成为一种非常重要又十分有限的作战资源，电磁环境的复杂性更多体现在频谱使用的过度集中与拥挤，以及电子对抗中对目标频谱更具针对性的攻击；最后，在相同的空域、时域、频域约束条件下，只有功率大的一方才能在电磁对抗中占据上风。复杂电磁环境中空域、时域、频域和功率域之间的逻辑关系是造成电磁环境复杂性的基本原因，同时也是破解电磁环境复杂性的基本途径。

因此，战场电磁环境在物理域上的各种状态变化可以归结为电磁波在空间、时间、频谱、功率上的分布和变化，可以采用空域特征、时域特征、频域特征、功率域特征（"四域"特征）来描述战场电磁环境的复杂性。也可以认为，复杂电磁环境就是其各种构成要素在"四域"的分布和变化共同涌现的结果。

2.1.1 空域复杂性

空域复杂性主要描述各种辐射产生的电磁场在空间的分布，是战场电磁环境的空域描述结果。其主要包括战场电磁辐射源的空间位置分布、功能类别、组网关系、台站属性、任务分区、作用范围等状态信息。

战场电磁环境的空域状态是无形的电磁波在有形战场空间中的表现形态，其典型特征是无影无形却纵横交错。在现代战场上，来自陆、海、空、天的不同作战平台上的电磁辐射交织作用于同一个作战区域内，形成了立体多向、交叉重叠的电磁辐射态势。

战场电磁环境的空域描述内容：①根据战场上电子设备的工作状态及空域分布，测算得到单件电子设备的作用范围，并对多个同类型（或具有组网关系）

电子设备的作用范围进行组合叠加,得到其整体作用范围;②根据单个电磁辐射源在空间中任意一点的合成辐射强度值,绘制合成辐射强度二维等值线或等值面,从而在空域角度反映战场电磁环境的分布特征。

2.1.2　时域复杂性

时域复杂性主要描述电磁信号随时间和作战进程变化的规律。其主要包括电磁信号环境的时序描述、电磁信号密度随时间的变化趋势以及整个战场电磁环境的时域特征描述等状态信息。

时域特征分布是战场电磁辐射在时间序列上的表现形态,是战场电磁环境的时域描述结果,其典型特征是动态、随机多变,持续连贯却集中突发。无论是平时还是战时,电磁辐射活动在整体上是持续不间断的,同一时间内,各种武器平台也将受到多种电磁波的同时辐射。尤其在现代战场,各种电子对抗手段大量运用,存在着侦察与反侦察、干扰与反干扰、控制与反控制的较量,为了抗敌而又护己,作战双方的电磁辐射时而非常密集、时而又相对静默,导致战场电磁环境随时变化,处于激烈的动态之中。

2.1.3　频域复杂性

频域范围是各种战场电磁辐射所占用频谱的表现形态,是战场电磁环境的频域描述结果,其典型特征是无限宽广却使用拥挤且相互重叠。在现代战场上,频谱范围直接与电磁波的全向传播、异频电磁波相互之间的非干涉性、同频电磁波的相干性等紧密联系。

电磁环境在频域的直观表达方式是电磁频谱图。电磁频谱是各种电磁辐射占用频率及其在各种频率上能量分布的定量表示。任何电子设备的作战使用都要占用一定的频谱,使用相同或相邻频率电磁波的电子设备会相互干扰,功率小的将被功率大的所压制,这就形成了对有限电磁频谱的激烈争夺。

电磁频谱是一种重要的作战资源,也是十分有限的资源。频域描述主要包括:对单个重点信号的电磁频谱分析,重点区域或地点接收的多个电磁信号的频域特征描述,以及整个战场电磁环境的频域特征描述等状态信息。

可以从单信号的电磁频谱图中看出信号的频带宽度和能量分布;可以从多信号的电磁频谱图中看出信号在频率上的密集度和重合度;由战场电磁背景环境的频域——能量分布(功率谱密度)可以统计得出整个战场电磁背景环境的能量随频率变化的特征。采用战场电磁环境的频域特征描述方法,在众多的频率中能够分清敌我,分清有用信号和无用信号,重点信号和一般信号,关联信号和独立信号,具有重要的意义。

2.1.4　功率域复杂性

功率域特征表示电磁辐射功率强弱的变化情况,反映战场空间内电磁信号强度的分布状态。其主要描述战场电磁环境电磁信号能量随战场空间、作战时间、信号频率变化的一种综合状态变化规律。

能量密度是战场电磁辐射强度的一种表现形态,是战场电磁环境的功率域描述结果,其典型特征是能量流密集却跌宕起伏。在现代战场,运用电磁信号和电磁能的强大威力控制战场电磁环境的能量形态,局部区域在特定时间内的电磁辐射可能特别强大。以此为手段,一方面可以更多、更远、更好地探测或者传递电磁信息,另一方面可以对武器装备形成毁伤、压制、干扰或者欺骗的作用效果。

战场电磁环境中电磁功率密度的高低直接决定着对武器装备的威胁和影响程度。为实现全球信息的控制权,美军正在积极发展高功率微波武器、电磁脉冲弹,这类武器在其电磁波传播通道上有着极高的能量密度,使被攻击的电子设备接收到的信号功率远大于其正常工作电平,以此使高功率的射频能量进入对手电子设备前端电路,使之饱和,或者受到局部损坏,甚至被高功率烧毁,从而降低其正常工作能力,达到毁坏对手电磁设备的目的。

2.2　战场电磁环境复杂性的认知维分析

电磁环境复杂性认知维内容是战场复杂电磁环境的内因。人作为战争的主体实践者,无论是军事技术进步、战争形态变革和战争实践发展,最终都是人在其中起着决定性的作用。正是参与电磁活动的主体——人的因素,为了达到自身目的而采取的各种电磁手段,造成了战场电磁环境的复杂性。战场电磁环境在认知维的复杂性表现为感知复杂性、协同复杂性及对抗复杂性,具体体现在指挥员和指挥机关对战场电磁环境的知晓、筹划、取舍、协同和管控能力上,即根据作战需求和对战场电磁环境的侦察监测情况,对电磁波的频谱分布和功率大小在时空中的协调配置能力,反映的是感知、协同和对抗中人的影响维度,即战术战法和对抗措施运用能力等。复杂电磁环境是一个相对概念,当指挥员和指挥机关对战场电磁态势研判准确,对作战行动组织有序,对抗措施运用得当,各部门电磁协同形成合力,与对手信息对抗指挥高效时,表明指挥员和指挥机关对战场电磁环境具有很强的管控能力,这时的战场电磁环境复杂度相对较低;反之,可能稍有情况就会很"复杂",面临的复杂电磁环境威胁就很大。

2.2.1　感知复杂性

感知复杂性主要描述指挥员和指挥机关对战场电磁环境态势的知晓、筹划、取舍、管控和研判情况。通过对战场电磁环境的监控可实现对电磁环境的感知，监控结果可提供一个定量的概念，为技术人员和指挥人员进行装备操控和指挥决策等活动提供参考。监控能力的强弱，决定了感知战场电磁环境中各种电磁信号的种类、特点是否全面和完整，进而决定对电磁环境认知水平的高低，即对战场电磁环境监控得到的信息越全面越完整，则对电磁环境认知相对简单；反之，则相对复杂。

电磁环境监控系统的主要功能是对电磁信号进行侦收、截获，全面测定信号、干扰信号及相关参数，完成对辐射源威胁等级的判断，为指挥控制中心掌握战场电磁环境态势、评估复杂电磁环境条件下的作战试验训练效果提供数据支持。监控系统能力水平决定了对上述内容进行判断的准确程度。因此，要提升武器装备在复杂电磁环境下的作战能力，首先必须提高对战场电磁环境的感知能力，以掌握各种电磁信号的种类、特点，以及在时域、空域、频域、能量域上的分布特性；其次，使适应战场复杂电磁环境的要求贯穿武器装备研发、部署、使用的全过程，贯穿部队作战训练的各个环节。通过提高电磁环境监控系统性能，包括监控设备的合理布局，以及采取有效的监控方法，可大大提升战场电磁环境的感知能力。

2.2.2　协同复杂性

协同复杂性主要描述指挥员和指挥机关为克服战场电磁环境影响，通过己方战术战法和对抗措施的运用，组织各类电磁协同。战场电磁环境的构成虽然很复杂，但只要实施科学、规范、严格的管控，通过静态监控和动态协同相结合，采取综合措施，就可以解决自扰互扰问题，提升电磁协同合力，进而形成有利于己方体系作战能力的战场电磁环境。电磁协同具体包括以下三个部分：

（1）作战保障电磁协同：无论是通信、雷达还是导航、制导行动中的电磁活动，都是作战保障电磁活动。当这些电磁活动所发射的电磁波在空域、时域、频域和能域上发生交叉或重叠时，必然会产生不同程度的影响。通过协调配合行动，尽可能降低相互不利影响，是此类电磁协同的主要目的。电磁频率是战场电磁资源管控的主要内容，各作战单位按照管理部门下达的战场电磁频率分配表展开行动，达成作战保障协同。

但是，并非所有的作战保障电磁活动都可以通过管控来完全化解彼此之间在空域、时域、频域和能域上的冲突。战场指挥员和指挥机关必须围绕作战目标的实现,根据作战行动顺序,来进一步规范作战保障电磁活动的先后次序;必须根据各种电磁活动相互影响的程度,来具体明确各种作战保障电磁活动的能量大小、辐射方向。

(2)电子对抗电磁协同:此时,干扰行动之间的电磁协同问题就是通常意义的作战协同问题在电磁领域的反映,需要根据作战目标和任务的整体要求来确定,具体内容都反映在电子对抗行动协同上。由于其目的是破坏对手电子信息系统的正常工作,因而往往不必在意干扰信号在方向、时间和样式上的重合与叠加。需要特别注意的是:干扰行动必须得到准确的电子对抗支援和侦察引导(因为己方对对手的各种干扰行动,也会对电子作战目标识别与引导产生不利影响);同时,还要做好己方的电磁防护工作,降低被对手侦察和攻击的概率。因此,指挥员和指挥机关需重点解决好两者之间空域协同问题:通常情况下,电子对抗侦察站相对分散部署,各电子对抗系统中的引导站须远离干扰站部署,电子对抗侦察飞机的飞行高度要求在干扰飞机上方。

各种干扰行动往往因作战对象的不同,具有各自的作战任务,但对手电子信息系统内部以及各系统之间都普遍存在着紧密的联系,这样各种干扰行动就需要围绕作战目标的实现,确定彼此之间的支援与被支援关系。

(3)作战保障与电子对抗之间的电磁协同:这是电磁协同行动中矛盾最为突出、关系最为复杂、变化最为频繁的内容。电子干扰行动具有"双刃剑"特性,在发射干扰信号压制对手电子信息系统的同时,必然会增加战场电磁环境的复杂性,使得作战保障电磁活动的进行更加困难。频繁、众多的作战保障电磁活动充斥战场空间,持续进行,并占用着大量的频谱资源。为了保护这些作战保障电磁活动,干扰行动必然会受到极大的限制,而干扰对象在空间位置、工作时机以及工作频率上的动态变化,使得干扰行动与保障行动的冲突更加难以预料。

指挥员和指挥机关必须围绕实现作战目标这个根本要求,来明确必须保护的作战保障电磁活动、必须实施的干扰行动,并根据制定作战计划及所明确的目标等级,进一步确定各种电磁活动的优先等级。以此为依据,具体确定各自的工作时间、行动方向、工作频率和辐射功率大小,以及功率辐射方式等具体协同内容。

2.2.3 对抗复杂性

对抗复杂性主要描述指挥员和指挥机关根据作战目标和任务,围绕对手作战行动,研判战场态势发展以及敌我双方的优势、劣势、机遇和威胁[77],采取各项电子对抗活动。在未来战争中,为准确掌握对手的作战行动,参战各方将加强对电子设备的侦察监视,并对指挥、通信、雷达等系统实施软/硬打击,侦察与反侦察、干扰与反干扰、压制与反压制、摧毁与反摧毁的斗争将十分激烈,综合电子信息系统将工作在激烈对抗的复杂电磁环境中。对抗性主要表现:平时不显,战时凸现;隐蔽突然,激烈突变;难以预测,难以识别,难以控制。

现代信息化战争中电子对抗包括以下三个部分:

(1)电子对抗支援措施:在电子对抗支援措施的支持下,可以通过陆、海、空、天电子侦察装备实时收集战场作战环境中的电子情报和通信情报,经过分析、处理形成对手的战场态势,为己方作战指挥决策提供准实时的情报依据;还可以通过各作战平台上的战斗威胁告警设备和测向设备向操控人员提供实时的电磁威胁信息,并在操控人员的干预下直接控制、引导电子干扰设备和电子攻击武器,实施电子对抗作战活动。

(2)进攻作战中的电子对抗:在进攻作战中,远距离支援干扰飞机、随队掩护干扰飞机、反辐射导弹攻击飞机、定向能武器、电子对抗无人机和地面/海上电子干扰站在战场指挥员和指挥机关的统一指挥控制下,应用多种电子对抗手段,协调一致地干扰和攻击对手的预警探测网、情报侦察网、指挥通信网和武器拦截网,削弱和降低对手防御体系的作战能力,支援攻击机群、攻击舰队和攻击部队的进攻。

(3)防御作战中的电子对抗:在防御作战中,电子干扰飞机、反辐射武器、定向能武器、地面干扰站、点目标电磁防护系统等,在战场指挥员和指挥机关的协调指挥下,对对手进攻体系的目标探测、通信导航、精确制导各个环节实施综合电子对抗作战活动,以最大限度瓦解对手攻击能力,削弱和降低其体系作战效能。

电子对抗活动中的电子侦察、电子攻击和电子防御是一个有机的整体,它们体现在电子对抗活动的整个过程。指挥员和指挥机关必须根据战场敌我态势的发展动态,指挥控制电子对抗三项活动高效协同,只有这样才能营造有利于己方的电磁环境,完成预定的作战任务。但是,如果指挥员和指挥机关指挥能力较弱,不能指挥好电子对抗活动,使得电子侦察、电子攻击和电子防御组织紊乱无序,己方既不能形成体系作战能力,又受制于对手的攻击,这样会形成对己方更为复杂的电磁环境。

2.3　战场电磁环境复杂性的效果维分析

电磁环境复杂性效果维内容是战场复杂电磁环境在各种作用下的集成涌现结果。复杂电磁环境处于开放的电磁空间中,电磁活动为作战行动提供了更远、更准、更快捷的信息支持,电磁波已成为战场信息活动的最大物质载体,制信息权的实质就是制电磁权。此外,各种作战行动已不可避免地受制于所形成的复杂电磁环境,这种影响最终会体现在武器装备战术技术性能、使用适用性和作战效能发挥上,并通过信息网络、关联网络、对抗交互网络的"多网联动"级联影响,以及多方、多要素、多领域的"多域铰链"跨域累积,涌现出综合的体系效果,对体系作战能力生成产生影响。

2.3.1 对武器装备战术技术性能影响

复杂电磁环境对武器装备战术技术性能的威胁和影响作用较为直观,直接影响武器装备作战性能的发挥,如雷达装备的预警能力、通信装备的联通能力等。武器装备在定型交付部队使用后,其战术技术指标即相对固化,其性能的发挥主要与电磁环境的制约能力有关。例如,在战场感知方面,受复杂电磁环境的影响,各种技术侦察装备的探测距离将大为缩短,有可能导致探测传感器迷茫,出现"看不见目标""分不清敌我"的现象,作战行动将陷入被动局面。

2.3.2 对武器装备使用适用性影响

武器装备使用适用性是指装备在作战使用过程中能够保持可用的程度,即装备在保障方案和资源下,由部队在作战运用时能完成规定任务的程度,通常包括可靠性、可用性、可维修性、可运输性、保障性、测试性、安全性、人因工程、环境适应性、电磁兼容性、协同性、互操作性等。例如,在指挥控制方面,受复杂电磁环境的影响,有可能加大通信数据中断、差错增多、效率下降的概率,导致指令不能及时下达,直接影响指挥决策行动的准确性和时效性。

由于战争的特殊性,武器装备必须经过运输、储存和使用三个环节,都会受到包括电磁环境在内的各种因素的影响作用,因此必须考量其环境适应性。武器装备的使用适用性就是在考量上述各种特性要求的情况下,系统还能令人满意地投入战场使用的程度。

2.3.3 对武器装备作战效能影响

武器装备作战效能是指在特定的作战环境下,部队在使用武器装备时,完成预期作战任务的能力,也称为武器装备的兵力效能、作战行动效能或作战任务效能。武器装备作战效能与特定的作战环境相关联,是动态的、对抗的,是作战策略、战术战法水平的综合体现。

武器装备作战效能不单是对战场电磁环境的适应性效果,更重要的是它考虑了部队的编成、战术战法和对抗措施运用、作战对抗环境以及整个作战系统,反映了完成作战任务的总体能力。武器装备作战效能是人员、装备、环境综合作用的结果。反映了装备研制的最终目的,也是装备作战运用的根本目标所在。而在信息化战争中,复杂电磁环境渗透于作战全过程,影响着电子信息系统和信息化武器装备作战效能的发挥,进而决定着战场物质和能量的流动。

2.3.4　对武器装备体系作战能力的影响

体系又称为"系统的系统"或"网络的网络",它是能够得到进一步涌现性质的关联或联结的独立系统的集合[78]。体系的目标是形成体系的涌现。涌现是指系统的性质发生了相变,产生了新的性质。对体系的理解从"系统的系统"到"网络的网络",其实就是按照"实体—关系—网络"的思路并在对抗中最终形成体系化的作战能力[79],反映了体系的动态演化过程。

体系不是系统的随意拼凑,而是在信息网络和多种关系下多个作战系统的综合运用。这就是说,作战实体不会孤立地存在和发挥作用,而是以网络的形式"物联"存在并相互对抗。体系涌现效果必须建立在"对抗""动态"和"整体"三位一体的条件下才能得到[78]。

无论是体系破击,还是体系防卫,都需要从复杂电磁环境对各种作战能力的动态演化中抽丝剥茧,充分考量体系内各组成之间"多网联动",以及在其支撑下的"多域铰链"所带来的"相互影响"和"级联效果"。体系涌现的效果并不一定都是效能的"跃升",也可能是效能的"坍塌"。这也表明,复杂电磁环境从相对稳态到非稳态的变化是"跃变"而不是"渐变",往往一个微小的变化都将十分容易地引起连锁反应,产生"多米诺骨牌"效应,甚至会导致"雪崩"这种极端情况的发生。因此,对体系作战能力进行关键点、脆弱性以及级联反应分析,研探体系的重心、各种关系之间的交互和体系的异常行为,可能是基于信息系统的体系作战能力评估的突破口。

2.4　战场电磁环境复杂性涌现机理

涌现性是电磁环境复杂性的本质特点,正是复杂的涌现性造成了电磁环境变化的不确定性和主观认知的不可预估性。复杂电磁环境是由多种因素综合作用形成的复合体,参战各方的军用电磁辐射、各种民用电磁辐射,以及无意电磁辐射、自然电磁辐射等,相互联系、相互作用,共同形成了一个复杂的综合体。但复杂电磁环境涌现性不是各个因素的简单相加,它是战场电磁环境"物理维—认知维—效果维"之间相互影响、相互作用,并伴随有物质、能量、信息动态交换于全过程的不确定性涌现。战场电磁环境复杂性涌现机理如图 2-2 所示。

战场电磁环境"物理维—认知维—效果维"涌现机制是一个有机整体,它的本质是武器装备在认知维中的感知、协同、对抗下,利用或争夺物理维中的空域、时域、频域和功率域资源,而最终在效果维各层级涌现出纷繁复杂的结果。物理维复杂性制约了作战主体对战场电磁环境整体分布特点的感知,使战场变得"模糊""不透明";反过来,认知维既可以通过协同活动获得有利于己方的战场电磁环境,使战场对己方"干净""清晰",又可以采用对抗手段为对手创建不利于其武器装备作战效能发挥的复杂电磁环境,使战场对敌"更复杂""更恶劣";而物理维与认知维之间综合作用的结果,是武器装备在效果维不同层级的表现情况,即主体对电磁环境复杂度的"真实感受"。在作战过程中,通过电磁环境物理维与认知维涌现的效果,可以指导下一步作战活动的进行。如果电磁环境对己有利、对敌不利,则应强化协同和对抗措施,继续保持己方电磁优势和对敌方的电磁压制;如果电磁环境对己不利、对敌有利,则应改变协同和对抗措施,寻求有利于己方作战效能发挥的同时,扼制敌方作战效能的发挥。

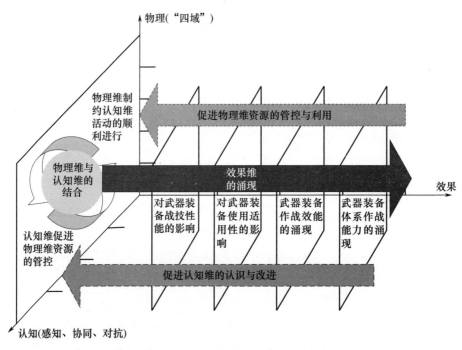

图 2-2 战场电磁环境复杂性涌现机理

战场电磁监控活动作为战场认知的基础,主要通过电磁环境监控掌握战场环境电磁干扰信号和战场电磁设备辐射电磁干扰信号分布情况,监控内容包括强干扰信号分布、最强干扰信号、固定干扰信号数量及作用时间和活动规律、电磁干扰最强时间段、电磁干扰最弱时间段、自身近场强辐射强度和频谱等,并给出各主要强干扰信号的频谱、幅度和方向,分析其来源和活动规律,根据需要对某些目标区域和干扰信号进行重点监控。而由于在"空域"中,战场上有众多来自不同空间领域、己方和敌方、军用和民用、平台和设备的电磁辐射源,同时大量大功率电子设备开机使用,使得电磁辐射传播距离更远,在战场空间一点上,电磁信号密集程度更高、更复杂;在"时域"中,在不同的作战时间,参战各方因作战目的不同,所产生的电磁信号种类、数量、密集程度将随时间、空间而变化,其变化方式难以预测;在"频域"中,随着信息技术的发展和电子信息装备的大量使用,战场上电磁信号所占频谱基本覆盖了全部电磁信号频段,但由于传播因素影响,在实际应用中,能够使用的电磁频谱范围有限,军用频段更少,在部分频率区间,电磁信号密集重叠现象严重;在"功率域"中,受电磁波传播因素影响,战场空间电磁信号能量在有些地方集中,可能很强,有些地方分散,可能很弱。物理维中的这些因素都会给电磁环境监控增加很大的难度,造成战场电磁环境感知困难,影响战场电磁协同与对抗活动的有效开展。当然,战场电磁环境物理维的构成虽然很复杂,但通过科学、规范、严格的管控,采取各项综合协同措施,可降低系统自扰互扰程度,形成电磁协同合力,在电子对抗中占据主动地位,使得战场电磁环境成为有利于己方体系作战能力生成的重要组成部分。例如,战场频谱管理部门按照作战需求,以及各作战单位用频设备构成与分布情况,根据作战进度,管控战场电磁资源,对各作战单位下达频率分配计划,合理有效地利用电磁频谱,可保障作战行动协同进行。当无法通过管控来解决各种电磁活动在空域、时域、频域和功率域上的冲突时,必须围绕作战目标的实现,进一步规范电磁作战活动的先后次序,根据各种电磁活动相互影响的程度,通过有效的战术战法和对抗措施的运用,来具体确定各种电磁作战活动的工作时间、行动方向、工作频率和辐射功率大小,以及功率辐射方式等具体内容。即使作战活动中电磁波在空域、时域、频域和能域上发生交叉或重叠,只要协调、统筹、配合行动合理,最终就可降低对己方武器装备作战运用产生的不利影响。

战场上大量的电磁信号是参战各方有目的地控制电子设备实施有意辐射所产生的。现代战争为夺取制电磁权,准确掌握对手的作战行动,进而夺取战争的主动权,实现以更小的代价赢得更大胜利的战略目标,着力加强了电磁空间的争夺与对抗。由于电磁对抗活动的目的是破坏敌方电子信息系统正常工作,因而不必在意干扰信号在方向、时间和样式上的重合与叠加。但是会造成电子对抗活动充斥战场空间,并持续进行,且占用大量频谱资源,增加了战场电磁环境物理维的复杂性。同时,在发射干扰信号压制对手电子信息系统的同时,必然会对己方电磁活动造成影响,加上干扰对象在空间位置、工作时机以及工作频率上的动态变化,使得干扰行动与协同行动的冲突更加难以预料,认知维复杂度也进一步升级。

复杂电磁环境下物理维与认知维在效果维不同层级的涌现形式不同。现代战场透明度大大增强,单件武器装备在强大的电磁干扰下很难发挥其战术技术性能,只要针对战术技术指标参数采取相应的攻击,武器装备马上处于瘫痪状态,根本无法发挥其作战能力。因此,武器装备战术技术性能在效果维的涌现是"压制性"的。武器装备信息化促进了武器装备系统的发展,但战场电磁环境制约了其效能的发挥,参战各方通过各种途径和方式破坏武器装备的使用适用性,以使对手武器装备系统的效能最小化,而保障己方武器装备效能的最大化。因此,武器装备使用适用性在效果维的涌现是"扼制性"的。信息主导是体系作战能力释放和输出的首要作用机理,信息资源成为体系作战能力的基础资源,将主导体系作战能力的能量释放。复杂电磁环境严重影响与制约着战场感知、指挥协同和武器装备效能的发挥,限制了基于信息系统体系作战能力生成机理的信息融合、功能耦合和联动聚能等活动,以至于无法生成新的能力,难以促使体系作战能力得到有效提升。因此,武器装备体系作战能力在效果维的涌现是"抑制性"的。武器装备作战效能更强调认知维的因素,需要指挥员和指挥机关根据作战任务、战术战法和对抗措施对武器装备体系进行优化配置,并根据战场电磁环境和战场态势的变化趋向,决定武器装备的使用时机、战术方法,而且能够有效利用战场电磁频谱,提高己方作战体系效能。同时在与对手对抗中采取高效的对抗措施,实现对对手的电磁压制,破坏对手武器装备体系的运作,扼制其作战效能的发挥。因此,武器装备作战效能在效果维的涌现是"限制性"的。

需要指出的是,相对于不同的对象,在不同的空间、时间和频率范围,战场电磁环境的复杂程度各不相同。同一环境下,不同对象的作战效果各不相同;同一对象,在不同的时间、地点的作战效果也存在较大差异。把握好电磁环境复杂性的相对性,对战场电磁环境下的武器装备使用具有很强的指导意义。

2.5 战场电磁环境复杂度评估

对战场电磁环境复杂度进行定量评估,是研究战场电磁环境最重要的目标之一,在理论和实践上都具有挑战性。战场电磁环境的复杂度既有一般共同的宏观度量标准,又可根据不同个体和群体的特殊感知而产生不同的特定的度量标准,即从不同视角、根据关心的重点,给定战场电磁环境不同维度复杂度度量标准。

2.5.1　物理维复杂度评估

战场电磁环境物理维复杂度评估,可用来定量描述划定的战场空间(包括体、面、线、点环境)内真实存在的客观的、共同的、宏观(微观)的电磁环境特征,它能帮助指战员,尤其是中高级指挥员和指挥机关对整个战场(或关注的焦点区域)电磁态势进行整体的把握和管控,能对战场电磁环境的复杂度进行一个初步的估计,它的评估特征与战场上某个或某些特定的感受实体单位无关。

对战场电磁环境物理维复杂度的评估,可以取电磁辐射源空域分布、电磁信号频域分布、电磁信号强度分布、电磁信号种类和样式分布、背景噪声强度、信号密度、频率占用度、频率重合使用度等作为度量指标。

可通过对战场电磁环境的频谱占用度、时间占有度、空间覆盖率、电磁环境平均功率密度谱的大小,对战场电磁环境的复杂度进行等级划分。采用此方法对战场电磁环境复杂度评估时计算较为复杂,而且数据源有限,相对开阔的战场环境,全面采集相关数据比较困难,而且战场电磁环境变化快,很难及时把握其动态,具体操作时比较困难。因此,在具体使用中应抓住主要方面,突出重点,给出参考意义即可。

2.5.2　认知维复杂度评估

战场电磁环境认知维复杂度评估,既是对复杂电磁环境下指挥员与指挥机关对武器装备组织指挥模式的合理性和整个指挥活动的科学性的评估,也是对复杂电磁环境下武器装备指挥效能的评估。战场电磁环境认知维复杂度评估,对于客观、准确评价和科学合理规范复杂电磁环境下武器装备指挥实践活动、检验指挥手段和指挥方式正确性有效性、全面评估和提高指挥效能等都具有重要的意义。

战场电磁环境认知维复杂度评估可理解为,指挥主体通过指挥系统组织部队和所属装备在复杂电磁环境下进行的试验、演练、对抗、作战活动,在指挥过程中对完成既定目的(全面测试武器装备的战术技术指标,考核其对复杂电磁环境的适应能力及其最终作战效能)所发挥的影响程度。它是一个综合性指标,是指挥质量、指挥时效、指挥效益的综合性标准。

复杂电磁环境下武器装备指挥效能评估对提高武器装备作战效能具有重要意义。评估指挥效能不仅有助于提高指挥员和指挥机关复杂电磁环境下的组织指挥水平,更有助于提升武器装备复杂电磁环境下信息作战能力。根据复杂电磁环境下武器装备指挥活动的实际,可由指挥质量、指挥效率、指挥组织机构和指挥人员素质构成评估指标体系,对战场电磁环境认知维复杂度进行了评估。

指挥质量评估是对指挥员和指挥机关做出的情况判断结论、决策方案、组织计划等从质量上进行评判,主要是考核其正确程度,即指情况判断和实际相符合的程度、决策方案完成的程度及实施计划周密的程度等。指挥效率是指单位时间内指挥员和指挥机关所能完成的工作量。复杂电磁环境下武器装备电子对抗态势瞬息万变,指挥员能否在有效时间内面对突然出现的情况或时机,迅速完成情况判断、定下决心、组织实施等一系列任务,往往关系到整个战局的成败。因此,指挥效率评估是指挥效能评估的一项重要内容。组织机构评估涉及指挥机构的设置及其优化程度(指挥层次、指挥跨度等)、指挥关系的合理程度、人员组成及形式、指挥工具性能等。作为指挥主体的指挥人员包括行政首长、机关人员以及技术指挥人员等,他们的素质如何将直接关系到指挥效能的发挥。

复杂电磁环境下武器装备指挥活动的偶然性和随机性因素比较多,电子对抗效果不容易量化,且检验复杂电磁环境对武器装备的干扰效果难度大,并具有滞后性,其对武器装备指挥效能的直接影响程度复杂且捉摸不定,这使得武器装备对抗效果和指挥效能预测、评估变得相对困难。再加上定性和定量的评估方法各有短长,单靠一种评估方法难以获得全面、科学的评估结论。因此,根据武器装备指挥实践活动的具体情况,在评估复杂电磁环境下武器装备指挥效能时,应采用以定性为主、定量为辅相结合的综合评估方法。

复杂电磁环境下武器装备指挥效能的定性评估,是评估者利用所掌握的情况、资料,依靠其经验、知识和综合分析能力,主要从性质上来评估指挥系统和指挥活动的效能。例如,对复杂电磁环境下武器装备指挥质量中决策方案优化程度、指挥的准确性、指挥的灵活性,指挥组织机构中指挥层次(跨度)的合理性、指挥所设置及人员构成的合理性、指挥信息系统的完善程度、指挥机构的职责明确和划分程度,以及指挥人员素质中指挥员遵循指挥规律程度、决策能力和水平、电子对抗战术运用水平、组织协调能力、指挥谋略艺术的运用水平、指挥作风等要素给出定性评价,为后面量化奠定基础。指挥效能的定量评估,是利用多种数学方法通过对指挥过程中众多复杂、多变、不确定的因素进行量化,建立数据模型,并使用计算机等工具进行计算和分析,产生评估结论。例如,复杂电磁环境下武器装备指挥效率中指挥系统转入试验的绝对持续时间、实际指挥时间与预定时间之比、对电子对抗态势有效反应的概率、指挥周期缩短时间都可以得出定量值。最后,利用模糊综合评估方法,定性与定量相结合,可以有效解决指挥效能模糊性、倾向性的综合评估。

2.5.3　效果维复杂度评估

战场电磁环境物理维与认知维复杂度的划分:一是反映信息化战场电磁空间对抗程度的一种客观描述,研究复杂电磁环境首先要认识电磁环境复杂性的产生根源,通过客观、理性和有效的方法来分析它;二是反映指挥员对战场电磁环境抽象战场空间在认知上存在的困难,突出了复杂电磁环境面向不同问题和不同人员,电磁环境复杂性的含义往往是不同的。

效果维复杂性正是在复杂电磁环境物理维与认知维共同作用下,对武器装备战技水平、使用性能及作战效能发挥造成不同程度影响后复杂的涌现性表现。战场电磁环境效果维复杂度评估是指对战场特定的个体和群体(一般指在某地域、某时间段的某件装备或某群作战实体)所受战场复杂电磁环境影响效果的评估。效果维复杂度包含两层含义:一是主要强调战场复杂电磁环境对武器装备战技水平和使用性能的客观影响,具体表现在对武器装备单项效能和系统效能发挥的影响;二是着重强调对有对抗部队参与的武器装备作战效能影响,以及在战场复杂电磁环境作用下的武器装备体系作战能力整体涌现情况。

一般情况下,针对战场电磁环境效果维内容,可通过复杂电磁环境下武器装备系统的技术性能试验和使用性能试验对单项效能和系统效能做出评估,而作战效能、体系作战能力涌现效果的评估必须通过复杂电磁环境下的作战试验或进行实战对抗后才能完成。

战场电磁环境效果维复杂度评估,首先应计算出某件装备在特定条件下接收到的有用信号和由电磁环境产生的各种干扰信号的信噪比,进而利用相关效能分析方法,得到受各种干扰后该装备的效能值(如某雷达对某种飞机发现概率的下降程度)。评估某群作战实体的战场电磁环境效果维复杂度,关键是要对群中所有个体的效能进行聚合。比较简单的方法是:设作战实体群由 m 件装备个体组成,装备在电磁环境中完成作战任务的效能矩阵 $\boldsymbol{e} = (e_1, e_2, \cdots, e_m)$,装备的权重向量 $\boldsymbol{\omega} = (\omega_1, \omega_2, \cdots, \omega_m)$ $(i = 1, 2, \cdots, m; \sum_{i=1}^{m} \omega_i = 1)$,则该群体的电磁环境复杂度评估值 $B_j = \boldsymbol{e} \cdot \boldsymbol{\omega}^{\mathrm{T}}$。

对于战场真实环境,武器装备个体间在指挥员和指挥机构的指挥控制下存在相互协同、相互联动的作战要求。如果指挥得当,武器装备群就可以涌现出大于所有武器装备个体总和的作战效能;如果指挥不当,就会制约武器装备个体原有效能的发挥。通过建立基于多 Agent 系统(MAS)和复杂网络理论方法的仿真模型,可以很好地将战场电磁环境物理维与认知维的特点和思想融合到其中,是解决武器装备战场电磁环境效果维复杂度评估的一种有效方法。

第3章 复杂电磁环境下组网雷达
作战能力分析及指标体系构建

组网雷达作战能力是指各种不同体制、不同频率、不同极化的雷达进行组网后，综合利用频域、空域、时域、能域和极化域的信息，有效完成对重点防空区域和作战对象的预警探测、跟踪识别、引导攻击等作战任务过程中所具备的各种能力。组网雷达面临的复杂电磁环境包括：①敌方侦察系统的数量、分布，及分选能力、侦获概率、接收机灵敏度、反应速度等侦察特性；②面临的干扰环境，包括干扰源的数量、空间分布、干扰源的密度、干扰源的总功率、干扰信号的频率及范围、干扰信号的样式及参数、干扰的形成及干扰的战术运用等[80]。

3.1 复杂电磁环境下组网雷达作战能力分析

组网雷达作战能力划分为探测能力、融合能力和"四抗"能力。其中，融合能力包括目标定位能力、识别能力和跟踪能力，"四抗"能力包括抗干扰能力、抗隐身能力、抗反辐射导弹攻击能力和抗低空突防能力。复杂电磁环境下组网雷达作战能力分析，是指组网雷达上述各项能力在复杂电磁环境作用下，对能力发挥、工作方式、作用效果等情况所造成的各类影响进行研究分析。

3.1.1 复杂电磁环境下组网雷达探测能力分析

组网雷达的探测能力主要是指组网雷达所能覆盖的空域范围。在计算上，主要考虑组网雷达探测空域的覆盖系数、对重点区域的探测能力，以及组网雷达受干扰情况下探测范围的变化情况[81]。

通过干扰组网雷达，能够破坏组网雷达对目标的侦测，使其无法得到正确、实时的情报。在复杂电磁环境下，雷达会接收到大量噪声，若噪声与目标信号频谱相当，且能量大于目标信号，则目标信号很难检测，从而降低了组网雷达的探测能力。组网雷达受电磁环境干扰影响后，探测结果主要有：①无法探测目标；②目标不清晰、不稳定，无法正确识别；③目标定位精度降低或定位错误；④无法准确提供引导信息。

　　根据组网雷达受干扰方式和网内雷达在复杂电磁环境空间中的结构配置，既考虑组网雷达能覆盖所需的空域和监视范围，又考虑网内雷达在监视空间上要保持一定的重叠度。通过在复杂电磁环境下探测目标时采取的合理优化的组网方式，可以有效降低电磁环境干扰对组网雷达造成的不利影响，提高复杂电磁环境下组网雷达探测能力[82]。

3.1.2　复杂电磁环境下组网雷达数据融合能力分析

　　数据融合是一种多传感器、多目标跟踪系统中数据整体合成技术，是许多传统学科和新技术的集成和应用。在军事领域中，数据融合是指对来自多传感器信息的检测、对准、关联、相关、识别、估计与推断，组合多源信息和数据的多层次、多界面上的协调处理过程，以便获得精确的目标状态和属性估计，以及完整、实时的战场态势和威胁评估[83]。组网雷达的数据融合能力是组网雷达进行信息处理的重要能力指标，是在各雷达探测基础上对目标掌握的关键。组网雷达数据融合能力包括对目标的定位能力、识别能力和跟踪能力。

　　组网雷达系统作为一个典型多传感器数据融合系统，要重点关注组网系统数据融合处理方法和传感器系统性能优化，以提高组网雷达协同探测、跟踪和目标识别能力。复杂电磁环境对目标环境改变很大，对雷达网组网形式提出了更高要求：一是最大限度地挖掘和发挥雷达探测潜能，对各类目标能够做到"看得见、看得远、看得准"；二是有效管控组网雷达，加强智能化水平，提高组网雷达的情报效能，形成组网雷达实时统一的态势情报。

1. 复杂电磁环境下组网雷达目标定位能力分析

　　定位能力是评估组网雷达作战能力的一个重要指标，它代表组网雷达在战场复杂电磁环境下对目标位置判定的准确度水平。组网雷达定位能力是复杂电磁环境下组网雷达作战能力分析的一个重要方面。

　　雷达的定位过程是指在获得探测目标定位参数的基础上，利用适当的数据处理手段，确定目标在三维空间中的位置点。从理论上说，二坐标雷达可以确定出目标在空间的二维位置，三坐标雷达可以确定出目标在空间的三维位置。但是，由于组网雷达受到复杂电磁环境干扰的影响，雷达测量的信息与真实值相比存在着一定的误差，因此根据这些观测信息确定出来的目标位置必然与目标的真实值之间存在着偏差。虽然中心站可以充分利用网内各部雷达对目标的观测信息进行融合定位，但在电磁环境复杂度较高时，组网雷达中的部分雷达甚至不能对目标定位。此时，受不同程度影响的雷达对目标提供的观测信息，在中心站进行不完全观测数据的目标融合定位，会大大降低其对目标的定位能力。

2. 复杂电磁环境下组网雷达目标识别能力分析

雷达目标识别是指从目标的雷达回波中提取目标的有关信息标志和稳定特征,用一定的判决算法对目标的属性或者类型做出判定。同样,组网雷达对目标的识别主要是对目标属性和类型的识别,可通过组网雷达识别概率来衡量其能力大小。

对目标进行识别是判断目标威胁程度的一个重要环节。信息化战争条件下,组网雷达由于其空间的分置和多种雷达体制的组合,为其目标识别带来了较大的优势。但随着战场电磁环境日趋复杂,单部雷达由于体制和功能的局限,无论算法如何先进,在强电磁干扰下,目标识别能力下降明显,直至丧失功能。局部雷达识别能力下降甚至丧失,会对组网雷达整体识别能力产生不同程度的影响,其中有些因素具有许多不确定性,很难进行量化。

随着组网雷达体制和功能的不断完善,网内配备了适量的其他种类传感器,如红外传感器、敌我识别系统和能量存储模块(Energy Storage Module,ESM)传感器等,它们和雷达一起构成一个多源的战场综合信息采集网,通过信息处理中心进行信息融合处理。ESM 传感器作为组网雷达的组成部分,可通过对辐射源信号的截获、分析,得到辐射源的特征信息(如发射频率、脉冲宽度和脉冲重复频率等),经过分析判断辐射源的特性,有可能对目标性质和威胁等级进行准确的识别,因而具有较强的目标识别能力,并且 ESM 传感器还可以在雷达能力范围之外获得目标的信息,从而可以扩大监视范围。然而 ESM 传感器本质上是一种无源(被动)传感器,一般来说无测距能力。雷达正好与 ESM 相反,它是利用目标的回波进行探测,具有较强的目标定位能力。但是,雷达缺乏对目标辐射源技术性能和工作状态的准确区分能力,对目标的识别能力较弱。所以,组网雷达发展趋势是将雷达好的目标定位能力与 ESM 传感器好的目标识别能力结合起来,由雷达提供目标方位、俯仰和距离,ESM 传感器提供目标方位及对辐射源进行识别,二者共同为现代防空反导探测提供所需的完整数据。

但是,战场电磁环境对抗的激烈程度,大大削弱了雷达和 ESM 传感器对战场目标的敏感度,增加了组网雷达对目标的截获时间、识别难度,不能有效地探测空中、地面各种状态下的目标,以及对目标进行威胁等级判断,造成组网雷达对目标辐射源的识别功能部分或全部丧失,以及识别能力下降或崩盘。

3. 复杂电磁环境下组网雷达目标跟踪能力分析

组网雷达与单部雷达相比,其能够在更大的空间范围内探测和跟踪目标,且在多目标跟踪中有着广泛而深入的应用。融合中心将各站获得的目标数据进行数据融合处理,建立起比单部雷达质量更好的航迹。其中,数据融合技术在组网雷达多目标跟踪中占有重要的地位,其原理如图 3 – 1 所示。

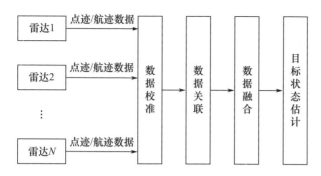

图 3-1　组网雷达目标跟踪数据融合原理框图

　　组网雷达多目标跟踪主要包括:跟踪门(关联区域)的形成,数据关联、融合和跟踪维持,跟踪起始和终结等。数据关联是确定各单部雷达数据间的互联关系,判断它们是否来自共同的目标。数据关联之前,数据融合中心必须先进行数据的时间和空间校准,以统一各单站雷达的坐标系和数据采样率、数据获取时间。

　　复杂电磁环境制约了组网雷达信息融合效率,影响了体系作战能力的发挥。在复杂电磁环境下,目标环境机动性增强,不确定性增加,传感器资源相对不足,其有效分配目标的难度增加。当多个传感器同时作用于多目标的检测、跟踪和识别时,就必须解决传感器与目标之间,以及检测、跟踪与识别之间的资源调配问题,从而增加了组网雷达工作难度,降低了目标跟踪效率。同时,复杂电磁环境造成组网雷达测量目标误差值增大,随即造成融合测量值误差增大,组网雷达目标跟踪能力也随之降低。

3.1.3　复杂电磁环境下组网雷达"四抗"能力分析

1. 复杂电磁环境下组网雷达抗干扰能力分析

　　现代战争中电子对抗日趋激烈,雷达干扰技术水平得到充分的发展和提高。根据干扰信号源,雷达干扰可分为有源干扰和无源干扰,有源干扰是利用专门的干扰设备发射干扰信号对雷达形成的干扰,无源干扰是由于物体反射雷达电磁波所产生的干扰。对于配备了动目标检测雷达的组网雷达,无源干扰很容易被辨别并剔除,因此,组网雷达的真正威胁主要来自有源干扰。

　　电磁压制干扰波束需要对准雷达,从探测雷达的主瓣或副瓣进入,用连续波信号或者大量杂乱信号压制或者掩盖目标信号,对雷达的影响是在相同的探测概率下缩短了探测距离,或者是在相同探测距离时降低了探测概率。电磁欺骗干扰是指通过产生虚假目标和虚假速度的方式,施放与真实目标信号相似的干扰信号,难以辨别信号真假,将干扰信号误判为真实目标。同样,干扰波束需要对准探测雷达接收机。由此可知,实施有效干扰前提是必须侦测研判对方雷达接收机的方向或位置。就单部单基地雷达而言,探测或跟踪目标时必须发射电磁波,这样很容易被对方探测到电磁信号。而组网雷达中各部雷达分布在广大的区域,从多个方向对空中目标进行探测,对方侦测我方雷达位置变得比较困难,使得电磁干扰效果差。另外,由于电磁干扰发射功率有限,为了达到与干扰单部雷达同等电磁压制干扰效果,干扰组网雷达需要相当高的干扰机发射功率。

目前,有源欺骗干扰技术还做不到对组网雷达实施有效干扰。对组网雷达而言,威胁最大的是复杂电磁环境中的有源(噪声)压制干扰。组网雷达凭借其体制多样性、频段多样性、空间分散性这三种特有性能和功率合成、数据融合这两大关键技术,具备了明显优势的抗有源干扰能力,使其在复杂电磁环境下的工作性能得到了极大提高[84]。

2. 复杂电磁环境下组网雷达抗隐身能力分析

通过增强复杂电磁环境下组网雷达抗干扰能力,并加强组网雷达探测隐身目标的能力,可提高组网雷达的抗隐身能力。前文已对复杂电磁环境下组网雷达探测能力和抗干扰能力做了详细分析,在以上内容基础上,可从组网雷达频域抗隐身、空域抗隐身、信号处理技术抗隐身、数据融合技术抗隐身四个方面分析复杂电磁环境下组网雷达抗隐身能力。

1)频域抗隐身

隐身目标并不是完全隐身的,隐身目标的隐身效果与雷达的工作频率有很大关联。目前,隐身目标对 VHF/UHF 频段的米波雷达和 HF 频段的超视距雷达的隐身效果较差。针对隐身目标的这一弱点,利用包括 VHF/UHF 频段和 HF 频段在内的多频段雷达组网可以较好地探测隐身目标。同样,在电子对抗过程中,隐身目标一方通过对米波和毫米波施放干扰,可以有效降低组网雷达对其探测效果,因此应尽量做好雷达频率的保护工作。不同频段雷达组网,既利用了微波频段对隐身目标可见的优势,又利用了隐身飞行器雷达散射面积(Radar Cross Section,RCS)对姿态角变化敏感的特点,有效抑制了隐身飞行器 RCS 的明显减缩,确保组网雷达探测能力的充分发挥。

2)空域抗隐身

隐身飞机的外形隐身主要是改变了电磁波的散射方向,只能在机头前方一定角度范围内将 RCS 减小几个数量级而产生隐身效果,而在大角度范围内 RCS 的减弱有限或并无减弱[85]。因此,雷达只要避开隐身目标 RCS 明显缩减的方向,从其他角度对隐身目标进行照射,就能够保持对隐身目标的有效探测。组网雷达的全方位布站可以很好地利用隐身目标的空域特性,特别是抗电磁干扰能力较强的双/多基雷达和机载或者星载空基雷达入网,能够对隐身目标进行多视角探测,抑制其 RCS 缩减,使得组网雷达抗隐身性能得到明显改善,取得显著的反隐身效果。

3)信号处理技术抗隐身

通常用雷达在其作用距离上可靠发现目标所需的最小信噪比 $(S/N)_{\min}$ 来度量雷达灵敏度,通常 $(S/N)_{\min} > 10\text{dB}$[86]。隐身目标通过采用各种隐身措施,使其 RCS 缩减了 $20 \sim 30\text{dB}$[87],因此,在相同条件下,雷达收到的信噪比远远低于最小信噪比,在复杂电磁环境下信噪比值更低,使得雷达探测隐身目标十分困难。为保持雷达探测能力不受影响,可通过提高雷达灵敏度,使 $(S/N)_{\min}$ 的值减小 $2 \sim 3$ 个数量级来实现。提高雷达的功率原则上可以增大隐身目标雷达回波信号的强度,但潜力有限,性价比不高,同时还增加了雷达暴露概率,使雷达容易遭受干扰和攻击,这种反隐身措施一般不提倡。目前,采用比较成熟的基于隐身飞行器雷达回波信号特征检测微弱信号的技术,这种技术能够使 $(S/N)_{\min}$ 减小 $2 \sim 3$ 个数量级。利用隐身目标雷达回波信号信息中目标特征与噪声干扰特征的明显区别,能够在信号噪声干扰比非常小的情况下,对隐身目标实现可靠探测。

4)数据融合技术抗隐身

组网雷达目标检测是指将网内各部雷达所接收的目标信号进行处理,然后判决目标是否存在。数据融合的突出优势是能够提高复杂电磁环境下隐身目标的检测概率,增强对隐身目标的探测与跟踪能力。隐身目标由于采用整形设计、阻抗加载等技术,采取引偏、欺骗及加大跟踪误差等措施,使得单部雷达很难对其实施连续观察和测量,不能够对隐身目标进行有效的探测和跟踪。而对于组网雷达来说,由于目标隐身和复杂电磁环境的影响,网内雷达探测隐身目标发现概率不同程度的降低,在目标检测概率保持一定的条件下,与单部雷达时情况相比,对组网雷达中每部雷达检测概率的要求可以降低,即组网雷达中每部雷达发现目标所需要的最小信噪比 $(S/N)_{\min}$ 可以降低。例如,如果 $(S/N)_{\min}$ 下降 20dB,就能够抵消隐身电磁环境和目标 RCS 减缩 20dB 所造成的影响。这说明能力范围内具有一定重叠系数的组网雷达可以提高目标的检测概率,从而达到抗隐身的目的。令网内不同频率的雷达从多个方向照射隐身目标,将探测值汇聚至融合中心,利用传感器数据融合技术,对各站探测情况融合处理,可以得到隐身目标运动的连续航迹,大大增强了对隐身目标的探测与跟踪能力。

3. 复杂电磁环境下组网雷达抗反辐射导弹攻击能力分析

反辐射导弹通过跟踪雷达电磁波进行制导进而摧毁雷达系统,这种导弹采用被动雷达寻的和捷联惯性制导,对方雷达关机时可以迅速地转换为惯导方式,直接对雷达及操作人员的安全产生威胁,对雷达威胁很高[88]。被动雷达导引头(Passive Radio Seeker,PRS)是 ARM 中最重要的部件,PRS 必须依赖辐射源电磁波才能够被动寻的制导,并且还要对辐射源进行分选、识别、跟踪才能确定所要攻击的目标,所以复杂电磁环境使得 PRS 对雷达信号的分选识别更加困难。由于无源雷达不发射电磁波,因此反辐射导弹无法对无源雷达实施有效攻击。

组网雷达凭借其空间分散、时间交错、频带宽广、辐射功率小、信号多样这五种特性获得了优越的抗 ARM 能力[89];网内雷达同步同参数工作和闪光轮换工作模式对 PRS 正常工作产生了干扰,使之性能下降;当部分雷达站遭 ARM 攻击后,组网雷达凭借资源优势,以及快速重构能力,仍然能够继续工作并完成作战任务,使得复杂电磁环境下 ARM 对组网雷达的攻击效果会大打折扣。

4. 复杂电磁环境下组网雷达抗低空突防能力分析

单部雷达低空探测范围非常有限,且有一定的盲区,目标做低空或超低空飞行时,雷达探测获得的航迹是断续的,此时雷达无法跟踪目标[90]。然而,组网雷达可通过网内雷达间信息传递,应用接力跟踪方式,获得低空目标连续航迹。另外,还可以将网内长波雷达和警戒雷达的探测数据融合处理,也能够获得低空目标的连续航迹[91]。复杂电磁环境下组网雷达通过克服地球曲率影响、低空补盲雷达超前部署、加强杂波抑制和采取数据融合,集多种抗低空措施于一身,具备了良好的抗低空突防能力。

1）克服地球曲率影响

要做到雷达作用距离不受其视距限制,雷达视距必须大于雷达作用距离,可采取升高雷达平台的方法以增大雷达视距。组网雷达中的星载、机载和气球载雷达天线很高,克服了雷达视距的局限性,增大了发现低空和超低空目标的距离,能够很好地发现低空目标[92]。

2）低空补盲雷达超前部署

组网雷达中,低空补盲雷达主要任务是弥补低空盲区,增强抗低空突防能力,由于其机动性强和联网能力灵活,一般在战区前沿部署,通过合理布站的方式完成对低空超低空目标的探测任务,以增加复杂电磁环境下防空反导系统的预警时间[93]。

3）加强杂波抑制

为了对付来自低空/超低空的威胁,雷达需要增强其低空探测性能,即杂波中检测和跟踪目标的能力。组网雷达通过配备低空雷达,利用低空雷达的脉冲多普勒、动目标显示和动目标检测技术,提高组网雷达对低空目标的发现概率和定位精度,减小跟踪误差。

4）采取数据融合

数据融合中心将空基雷达或者低空补盲雷达获得的低空目标信息进行融合处理，可获得低空目标的精确信息，组网雷达的数据融合技术增强了其低空探测性能，改善和提高了跟踪系统的可靠性与跟踪精度。

3.2　复杂电磁环境下组网雷达作战能力指标体系构建

复杂电磁环境下组网雷达作战能力指标体系是组网雷达在复杂电磁环境影响作用下的作战能力基础构成，主要用来说明组网雷达中哪些战技指标及活动受电磁环境影响明显，能够对作战能力影响效果做进一步定性或定量的描述，并通过模型计算得到复杂电磁环境下组网雷达作战能力的整体评价。组网雷达作战能力指标选取应遵循以下原则：

（1）系统性。评估指标应能全面反映组网雷达的综合情况，从中抓住主要因素，既反映直接效果又要反映间接效果，以保证综合评价的全面性和可信度。

（2）客观性。评估指标体系应科学合理，指标含义尽量明确，并建立有足够可以利用的信息资源基础，能够客观反映系统内部状态变化，不能主观臆断，随意设立。

（3）完备性。影响组网雷达作战能力的指标均应在指标体系中，任何一个影响系统分析与设计目标的指标，都应当出现在指标集中能够覆盖相应问题的处理范围内。

（4）独立性。指标间应是不相关联的，指标之间应减少交叉，防止互相包含，要具有相对的独立性。

（5）简明性。在基本满足评估要求和给出决策所需信息的前提下，应尽量减少指标个数，突出主要指标，便于用户易于理解和接受，以免造成评估指标体系的过于庞杂。

（6）可测性。指标能通过数学公式、测试仪器或试验统计等方法获得，指标本身便于实际使用，度量的含义明确，具备现实的收集渠道，便于定量分析，具备可操作性。

（7）敏感性。当系统的相关变量改变时，指标相应有明显变化。

（8）一致性。指标应与分析的目标一致，分析的指标间不相互矛盾。

根据组网雷达作战能力构成要素和形成特点，其作战能力评估将以复杂电磁环境下组网雷达中各部雷达协同配合而整体涌现的作战能力列为评估对象、以组网雷达遂行作战任务所需具备的各项能力为主线，提取出组网雷达各项作战能力评估指标，构建能力指标层次体系，如图 3 - 2 所示。

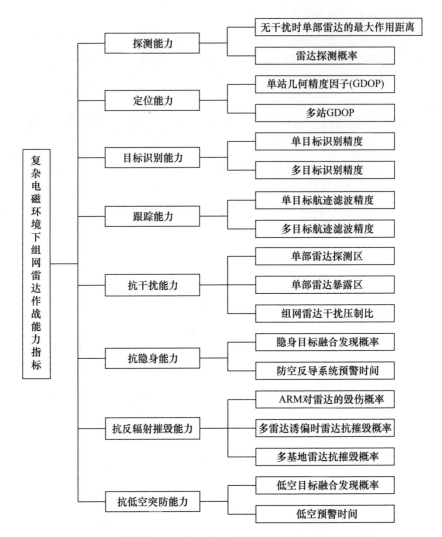

图3-2 复杂电磁环境下组网雷达作战能力指标体系结构

3.2.1 探测能力

雷达威力区直观描述了雷达探测性能的好坏,它的大小与雷达本身性能、目标特性等因素有关。组网雷达威力区是网内所有雷达威力区的合成,在不同发现概率下的组网雷达威力区大小是不同的,受电磁环境干扰后,其会发生明显的变化。根据仿真实现要求,重点列出了无干扰时单部雷达最大作用距离和雷达探测概率两项指标。

3.2.2　定位能力

组网雷达对目标的定位是在探测发现的前提下融合网内各雷达的观测数据,运用一定的定位算法,给出目标的空间位置。为了定量评估复杂电磁环境下组网雷达对目标定位能力的好坏,采用定位精度因子(Geometric Dilution of Precision,GDOP)作为衡量定位性能的指标,它描述了定位误差的三维几何分布。组网雷达的 GDOP 分布图不仅可以直观地评估复杂电磁环境下组网雷达的定位性能,而且还能够为复杂电磁环境下雷达组网的优化布站提供决策依据。

3.2.3　目标识别能力

雷达目标识别是指从目标的雷达回波中提取目标的有关信息标志和稳定特征,用一定的判决算法对目标的类型或者属性做出判定。对目标进行识别是判断目标威胁程度的一个重要环节。在复杂电磁环境下,组网雷达的识别能力受多种因素的影响,这些因素中具有许多不确定的部分,难以用简单的数学公式进行量化。为了评估组网雷达在复杂电磁环境下的识别能力,引入目标识别精度指标作为度量其对目标的识别能力。

3.2.4　跟踪能力

雷达对目标进行跟踪是雷达作战活动中的一项重要内容,为作战行动进一步顺利实施提供支撑。组网雷达由于其空间的分置和多种雷达体制的组合,为其目标跟踪带来了较大的优势,在目标跟踪连续性方面较单部雷达有大幅度的改善;但复杂电磁环境会使雷达跟踪轨迹与目标原轨迹产生偏差,对进一步的作战行动产生负面影响。基于此,将目标航迹滤波精度列为跟踪能力的评价指标,对复杂电磁环境下目标轨迹形成的偏差进行评估。

3.2.5　抗干扰能力

组网雷达集技术、战术抗干扰措施于一身,具备了较强的抗干扰能力。从技术角度来讲,有雷达工作频段分集、极化方式分集和雷达体制多样等;从战术角度来讲,有空间布站分散、机动性增强和网内雷达具有不同的战勤时间等。这些是组网雷达具备较强抗干扰能力的根本所在。当然,更重要的还与各雷达自身的抗干扰能力有关。以单部雷达探测区和暴露区指标为基础,通过组网雷达干扰压制比指标,对复杂电磁环境下组网雷达的抗干扰能力进行评估,能够从探测能力角度说明组网雷达抗干扰能力的强弱,简单、直观、明了,更便于指挥员理解。

3.2.6　抗隐身能力

目标 RCS 的减小极大地缩短了雷达对这些目标的探测距离,战场复杂电磁环境又进一步降低了雷达探测距离,从而大大增强了隐身飞机的空中突防能力。针对组网雷达探测隐身目标的独特优势,将组网雷达对隐身目标融合发现概率和防空反导系统预警时间列为评估指标,能够从性能和效能的角度全面评估组网雷达抗隐身能力。

3.2.7　抗反辐射摧毁能力

组网雷达各种技术战术措施增强了其抗 ARM 攻击的能力。网内各站雷达通过交替开机、轮番机动,对反辐射武器构成闪烁的电磁环境,使其跟踪方向、频率、波形混淆,再加上网内各站雷达的异置,可能对反辐射武器构成多点源诱骗,从而影响反辐射武器对组网雷达的攻击效果。在战场复杂电磁环境下组网雷达遭单发 ARM 攻击时的生存能力有所提高,摧毁整个组网雷达耗费的 ARM 数将大大增加。因此,根据不同的组网方式可以建立以 ARM 对组网雷达毁伤概率、多雷达诱偏时雷达抗摧毁概率、多基地雷达抗摧毁概率为代表的抗摧毁能力评估指标。

3.2.8　抗低空突防能力

发挥组网雷达群体优势来对付低空突防飞行目标是现代战争的要求。组网雷达集多种抗低空措施于一身,具备良好的低空性能,但电磁环境对组网雷达的干扰降低了其在探测低空目标方面的优势。对于复杂电磁环境下组网雷达抗低空突防能力,适宜从组网雷达低空探测性能和其抗低空突防能力两个层次建立评估指标,其中有代表性的指标是组网雷达低空目标融合发现概率和低空预警时间。

3.3　复杂电磁环境下组网雷达作战能力指标模型

3.3.1　探测能力指标模型

1. 无干扰时单部雷达的最大作用距离

$$R_{max} = \left[\frac{P_t G_t \lambda^2 \sigma}{(4\pi)^3 kT \Delta f FLS_{Jmin}} \right]^{1/4} \qquad (3-1)$$

式中:P_t——雷达发射功率(W);

　　　G_t——雷达天线增益(dB);

　　　λ——雷达波长(m);

σ ——目标雷达截面积(m^2);

k ——玻耳兹曼常数;

T ——以绝对温度表示的接收机噪声温度(K);

Δf ——接收机等效噪声带宽(MHz);

F ——噪声系数;

L ——损失系数;

S_{Jmin} ——雷达最小可接收信噪比。

2. 雷达探测概率

雷达最大探测距离一般指探测概率为 0.5 时的最大探测距离。在同一高度层上,对于距离为 R 的目标,探测概率经验公式为[94]

$$P_d = \begin{cases} 0.5, 0.9375R_{0.5} < R \leqslant R_{0.5} \\ 0.6, 0.875R_{0.5} < R \leqslant 0.9375R_{0.5} \\ 0.7, 0.8125R_{0.5} < R \leqslant 0.875R_{0.5} \\ 0.8, 0.75R_{0.5} < R \leqslant 0.8125R_{0.5} \\ 0.9, R \leqslant 0.75R_{0.5} \end{cases} \quad (3-2)$$

在 $P_d > 0.9$ 时,当作可靠检测。

当网内多部雷达以概率 P_{di} 同时发现目标时,根据经典概率理论,总探测概率为

$$P_总 = 1 - \prod(1 - P_{di}) \quad (i = 1,2,3,\cdots) \quad (3-3)$$

3.3.2　定位能力指标模型

一般而言,雷达利用天线波束的方向性可以测得目标的方位角 φ 及俯仰角 ε,利用脉冲测距的方式可以测得目标的斜距 r。在雷达没有受到干扰或者虽然受到较弱的干扰却仍然能够测得上述数据时,可以利用这三个坐标参量 $f(r,\varphi,\varepsilon)$ 定出笛卡儿坐标系中目标的空间位置矢量 $X = [x,y,z]^T$,如图 3-3 所示,目标空间位置矢量的各个分量为[95]

$$\begin{cases} x = r\cos\varepsilon\cos\varphi \\ y = r\cos\varepsilon\sin\varphi \\ z = r\sin\varepsilon \end{cases} \quad (3-4)$$

可得测量参量和位置矢量之间关系式为

$$\begin{cases} r = f_1(X) = \sqrt{x^2 + y^2 + z^2} \\ \varphi = f_2(X) = \arctan\dfrac{y}{x} \\ \varepsilon = f_3(X) = \arctan\dfrac{z}{\sqrt{x^2 + y^2}} \end{cases} \quad (3-5)$$

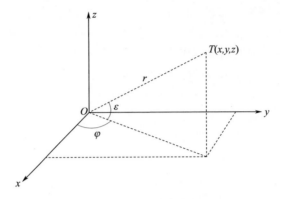

图 3 – 3　球坐标测量定位示意图

令测量矢量 $\mathbf{Z} = [\, r, \varphi, \varepsilon \,]^{\mathrm{T}}$，函数矢量 $\mathbf{F} = [\, f_1, f_2, f_3 \,]^{\mathrm{T}}$，则得非线性方程组矢量表达式为

$$\mathbf{F}(\mathbf{X}) = \mathbf{Z} \qquad (3 - 6)$$

求解后可得目标位置矢量 $\mathbf{X}$。

1. 单站 GDOP

GDOP 反映了组网雷达在受电磁环境干扰条件下定位能力的强弱，其表达式为

$$\mathrm{GDOP} = \sqrt{\sigma_x^2 + \sigma_y^2 + \sigma_z^2} \qquad (3 - 7)$$

式中：σ_x^2、σ_y^2、σ_z^2 分别为 x、y、z 方向的定位误差均方差。

假设观测矢量的测量误差 $\boldsymbol{\delta}_Z = [\, \delta_r, \delta_\varphi, \delta_\varepsilon \,]^{\mathrm{T}}$，则测量误差的协方差矩阵为[1]

$$\mathbf{P}_Z = \mathrm{E}[\, \boldsymbol{\delta}_Z, \boldsymbol{\delta}_Z^{\mathrm{T}} \,] = \begin{bmatrix} \sigma_r^2 & 0 & 0 \\ 0 & \sigma_\varphi^2 & 0 \\ 0 & 0 & \sigma_\varepsilon^2 \end{bmatrix} \qquad (3 - 8)$$

对于位置矢量，求解其定位误差，包括定位误差 $\boldsymbol{\delta}_X = [\, \delta_x, \delta_y, \delta_z \,]^{\mathrm{T}}$ 的表达式及其协方差矩阵 $\mathbf{P}_X$。

定位误差可由式(3 – 4)在一次求偏导的条件下求得，即

$$\begin{cases} \delta_x = \dfrac{\partial f_x}{\partial r}\partial r + \dfrac{\partial f_x}{\partial \varphi}\partial \varphi + \dfrac{\partial f_x}{\partial \varepsilon}\partial \varepsilon \\[2mm] \delta_y = \dfrac{\partial f_y}{\partial r}\partial r + \dfrac{\partial f_y}{\partial \varphi}\partial \varphi + \dfrac{\partial f_y}{\partial \varepsilon}\partial \varepsilon \\[2mm] \delta_z = \dfrac{\partial f_z}{\partial r}\partial r + \dfrac{\partial f_z}{\partial \varphi}\partial \varphi + \dfrac{\partial f_z}{\partial \varepsilon}\partial \varepsilon \end{cases} \qquad (3 - 9)$$

则

$$\delta_X = A\delta_Z \tag{3-10}$$

式中:A 为系数矩阵,且有

$$
A = \begin{bmatrix} a_{11} & a_{12} & a_{13} \\ a_{21} & a_{22} & a_{23} \\ a_{31} & a_{32} & a_{33} \end{bmatrix} = \begin{bmatrix} \dfrac{\partial f_x}{\partial r} & \dfrac{\partial f_x}{\partial \varphi} & \dfrac{\partial f_x}{\partial \varepsilon} \\ \dfrac{\partial f_y}{\partial r} & \dfrac{\partial f_y}{\partial \varphi} & \dfrac{\partial f_y}{\partial \varepsilon} \\ \dfrac{\partial f_z}{\partial r} & \dfrac{\partial f_z}{\partial \varphi} & \dfrac{\partial f_z}{\partial \varepsilon} \end{bmatrix} = \begin{bmatrix} \cos\varphi\cos\varepsilon & -r\sin\varphi\cos\varepsilon & -r\cos\varphi\sin\varepsilon \\ \sin\varphi\cos\varepsilon & r\cos\varphi\cos\varepsilon & -r\sin\varphi\sin\varepsilon \\ \sin\varepsilon & 0 & r\cos\varepsilon \end{bmatrix}
$$

$$\tag{3-11}$$

定位误差的协方差矩阵为

$$
P_X = \mathrm{E}\left[\delta_X \cdot \delta_X^\mathrm{T}\right] = \mathrm{E}\left[A\delta_Z \cdot \delta_Z^\mathrm{T}A^\mathrm{T}\right] = AP_ZA^\mathrm{T} = \begin{bmatrix} \sigma_x^2 & \rho_{xy}\sigma_x\sigma_y & \rho_{xz}\sigma_x\sigma_z \\ \rho_{xy}\sigma_x\sigma_y & \sigma_y^2 & \rho_{yz}\sigma_y\sigma_z \\ \rho_{xz}\sigma_x\sigma_z & \rho_{yz}\sigma_y\sigma_z & \sigma_z^2 \end{bmatrix}
$$

$$\tag{3-12}$$

因此

$$
\begin{cases}
\sigma_x^2 = \cos^2\varphi\,\cos^2\varepsilon \cdot \sigma_r^2 + r^2\sin^2\varphi\,\cos^2\varepsilon \cdot \sigma_\varphi^2 + r^2\cos^2\varphi\,\sin^2\varepsilon \cdot \sigma_\varepsilon^2 \\
\sigma_y^2 = \sin^2\varphi\,\cos^2\varepsilon \cdot \sigma_r^2 + r^2\cos^2\varphi\,\cos^2\varepsilon \cdot \sigma_\varphi^2 + r^2\sin^2\varphi\,\sin^2\varepsilon \cdot \sigma_\varepsilon^2 \\
\sigma_z^2 = \sin^2\varepsilon \cdot \sigma_r^2 + r^2\cos^2\varepsilon \cdot \sigma_\varepsilon^2
\end{cases} \tag{3-13}
$$

将式(3-13)代入式(3-7)即可求得单站 GDOP。

2. 多站 GDOP

假定分布式组网雷达由 m 部雷达组成,若第 i 部雷达是三坐标雷达,则对目标的探测可以获得三个参数,即斜距 r_i、方位角 φ_i 和俯仰角 ε_i,这三种测量量在空间上形成三个曲面,即半径为 r_i 的球面、φ_i 方向上一个垂直于水平面的平面以及一个俯仰角为 ε_i 的锥面;若第 i 部雷达是二坐标雷达,则测得斜距 r_i 和方位角 φ_i。

由此可见,雷达的每一个测量值对应一个空间曲面,对空间一点的定位,实际上就是多个测量值空间曲面的交点,目标三维空间定位至少需要三个以上的曲面相交。从理论上讲,如果获取的观测信息不含误差信息,那么对同一目标观测信息的平面将交于同一个点,这个点就是目标的真实位置。但是,由于误差是不可避免的,因此这些曲面可能相交于多个点上,在这种情况下,组网雷达通常运用最大似然估计的方法来对目标的位置进行定位。

如图 3-4 所示,设 $\hat{X} = (\hat{x}, \hat{y}, \hat{z})$ 为对目标的估计位置,$X_\mathrm{T} = (x_\mathrm{T}, y_\mathrm{T}, z_\mathrm{T})^\mathrm{T}$ 为目标真实位置。设测得的第 j 个定位平面与目标的真实位置 X_T 差一个 p_j 值,

估计位置值 $\hat{X}$ 与测得的第 j 个定位平面差一个 ε_j 值,这样可以推导出以下一些关系式[1]。

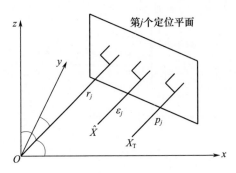

图 3-4　定位平面示意图

第 j 个定位平面可以用下列平面方程表达,即

$$a_j x + b_j y + c_j z = r_j \tag{3-14}$$

且有

$$p_j = r_j - a_j x_{\mathrm{T}} - b_j y_{\mathrm{T}} - c_j z_{\mathrm{T}} \tag{3-15}$$

$$\varepsilon_j = r_j - a_j \hat{x} - b_j \hat{y} - c_j \hat{z} \tag{3-16}$$

式中: r_j ——原点到平面 j 的距离, r_j 位于该平面法线方向上;

a_j、b_j、c_j ——矢量 r 的方向余弦。其对于不同的平面取值分别如下:

斜距面为

$$\begin{cases} a_j = \cos \varphi \cos \varepsilon \\ b_j = \sin \varphi \cos \varepsilon \\ c_j = \sin \varepsilon \end{cases} \tag{3-17}$$

方位面为

$$\begin{cases} a_j = \sin \varphi \\ b_j = -\cos \varphi \\ c_j = 0 \end{cases} \tag{3-18}$$

俯仰面为

$$\begin{cases} a_j = \cos \varphi \sin \varepsilon \\ b_j = \sin \varphi \sin \varepsilon \\ c_j = -\cos \varepsilon \end{cases} \tag{3-19}$$

由此可得用位置估值误差表达式为

$$\varepsilon_j = p_j - a_j \Delta x - b_j \Delta y - c_j \Delta z \tag{3-20}$$

式中:位置估值误差定义为

$$\begin{cases} \Delta x = \hat{x} - x_{\mathrm{T}} \\ \Delta y = \hat{y} - y_{\mathrm{T}} \\ \Delta z = \hat{z} - z_{\mathrm{T}} \end{cases} \qquad (3-21)$$

假设位置估值 $\hat{x}$ 与各定位平面的误差 ε_j 是互不相关的正态分布随机变量,其概率密度函数为

$$\frac{1}{\sqrt{2\pi}\sigma_j}\exp\left(-\frac{\varepsilon_j^2}{2\sigma_j^2}\right) \qquad (3-22)$$

式中:各近似定位平面的距离标准差 $\sigma_j (j = 1,2,3)$ 对应斜距测量 $\sigma_1 = \sigma_r$,对应方位测量 $\sigma_2 = r\sigma_\varphi$,对应俯仰测量 $\sigma_3 = 3\sigma_\varepsilon$。

假设组网雷达由 m 部雷达构成,提供 n 个定位平面,则 n 个误差 $\varepsilon_j = (j = 1,2,\cdots,n)$ 的似然函数为

$$L(\varepsilon_1,\varepsilon_2,\cdots,\varepsilon_n) = \prod_{j=1}^{n}\left[\frac{1}{\sqrt{2\pi}\sigma_j}\exp\left(-\frac{\varepsilon_j^2}{2\sigma_j^2}\right)\right] \qquad (3-23)$$

再定义

$$W = \sum_{j=1}^{n}\frac{\varepsilon_j^2}{\sigma_j^2} \qquad (3-24)$$

可见,W 为式(3-23)似然函数的指数项。因此,对于该似然函数求最大化就是使其指数项 W 最小化。W 可以进一步写为

$$W = \sum_{j=1}^{n}\frac{(p_j - a_j\Delta x - b_j\Delta y - c_j\Delta z)^2}{\sigma_j^2} \qquad (3-25)$$

选择 $\Delta X = [\Delta x, \Delta y, \Delta z]^{\mathrm{T}}$ 使 W 最小,则下列关系式成立:

$$\begin{cases} \dfrac{\partial W}{\partial \Delta x} = \sum_{j=1}^{n}\dfrac{2(p_j - a_j\Delta x - b_j\Delta y - c_j\Delta z)}{\sigma_j^2}(-a_j) = 0 \\[2mm] \dfrac{\partial W}{\partial \Delta y} = \sum_{j=1}^{n}\dfrac{2(p_j - a_j\Delta x - b_j\Delta y - c_j\Delta z)}{\sigma_j^2}(-b_j) = 0 \\[2mm] \dfrac{\partial W}{\partial \Delta z} = \sum_{j=1}^{n}\dfrac{2(p_j - a_j\Delta x - b_j\Delta y - c_j\Delta z)}{\sigma_j^2}(-c_j) = 0 \end{cases} \qquad (3-26)$$

定义

$$\begin{cases} Q_p = \sum_{j=1}^{n}\dfrac{p_j a_j}{\sigma_j^2}, R_p = \sum_{j=1}^{n}\dfrac{p_j b_j}{\sigma_j^2}, S_p = \sum_{j=1}^{n}\dfrac{p_j c_j}{\sigma_j^2} \\[2mm] L = \sum_{j=1}^{n}\dfrac{a_j^2}{\sigma_j^2}, M = \sum_{j=1}^{n}\dfrac{b_j^2}{\sigma_j^2}, N = \sum_{j=1}^{n}\dfrac{c_j^2}{\sigma_j^2} \\[2mm] T = \sum_{j=1}^{n}\dfrac{a_j b_j}{\sigma_j^2}, U = \sum_{j=1}^{n}\dfrac{b_j c_j}{\sigma_j^2}, V = \sum_{j=1}^{n}\dfrac{a_j c_j}{\sigma_j^2} \end{cases} \qquad (3-27)$$

用矩阵表示 W 最小化的关系式为

$$\begin{bmatrix} L & T & V \\ T & M & U \\ V & U & N \end{bmatrix} \begin{bmatrix} \Delta\hat{x} \\ \Delta\hat{y} \\ \Delta\hat{z} \end{bmatrix} = \begin{bmatrix} Q_p \\ R_p \\ S_p \end{bmatrix} \qquad (3-28)$$

从而可以求出估值误差 $\Delta\hat{x}$、$\Delta\hat{y}$、$\Delta\hat{z}$ 的表达式分别为

$$\begin{cases} \Delta\hat{x} = \dfrac{1}{D} [(MN - U^2)Q_p + (UV - NT)R_p + (TU - MV)S_p] \\[2mm] \Delta\hat{y} = \dfrac{1}{D} [(UV - NT)Q_p + (LN - V^2)R_p + (TV - LU)S_p] \\[2mm] \Delta\hat{z} = \dfrac{1}{D} [(TU - MV)Q_p + (TV - LU)R_p + (LM - T^2)S_p] \end{cases} \qquad (3-29)$$

式中

$$D = LMN + 2TUV - T^2N - V^2M - U^2L \qquad (3-30)$$

令 p_j 为一个零均值的正态随机变量，而 Q_p、R_p、S_p 内均含有 p_j 的因子，则定位估值误差 $\Delta\hat{x}$、$\Delta\hat{y}$、$\Delta\hat{z}$ 也是正态分布的随机量，其均值为零，即 $\mathrm{E}[\Delta\hat{x}] = \mathrm{E}[\Delta\hat{y}] = \mathrm{E}[\Delta\hat{z}] = 0$，协方差矩阵可以表示为

$$P_{\Delta\hat{x}} = \begin{bmatrix} \mathrm{E}[\Delta\hat{x}^2] & \mathrm{E}[\Delta\hat{x}\Delta\hat{y}] & \mathrm{E}[\Delta\hat{x}\Delta\hat{z}] \\ \mathrm{E}[\Delta\hat{x}\Delta\hat{y}] & \mathrm{E}[\Delta\hat{y}^2] & \mathrm{E}[\Delta\hat{y}\Delta\hat{z}] \\ \mathrm{E}[\Delta\hat{x}\Delta\hat{z}] & \mathrm{E}[\Delta\hat{y}\Delta\hat{z}] & \mathrm{E}[\Delta\hat{z}^2] \end{bmatrix} \qquad (3-31)$$

经过繁琐代数运算和化简，可以得到以下简明形式：

$$\begin{cases} \sigma_x^2 = \mathrm{E}[\Delta\hat{x}^2] = \dfrac{MN - U^2}{D} \\[2mm] \sigma_y^2 = \mathrm{E}[\Delta\hat{y}^2] = \dfrac{LN - V^2}{D} \\[2mm] \sigma_z^2 = \mathrm{E}[\Delta\hat{z}^2] = \dfrac{LM - T^2}{D} \\[2mm] \mathrm{E}[\Delta\hat{x}\Delta\hat{y}] = \dfrac{UV - NT}{D} \\[2mm] \mathrm{E}[\Delta\hat{x}\Delta\hat{z}] = \dfrac{TU - MV}{D} \\[2mm] \mathrm{E}[\Delta\hat{y}\Delta\hat{z}] = \dfrac{TV - LU}{D} \end{cases} \qquad (3-32)$$

根据式(3-7)计算出组网雷达对目标定位的 GDOP 为

$$\mathrm{GDOP} = \sqrt{\dfrac{MN - U^2}{D} + \dfrac{LN - V^2}{D} + \dfrac{LM - T^2}{D}} \qquad (3-33)$$

3.3.3 目标识别能力指标模型

假定某个目标航迹的个数为 N,标准航迹为 $\{X_{t_i}, Y_{t_i}, Z_{t_i}, \text{Type}, \text{Attr}\}$ ($i = 1$, $2, \cdots, N$),其中,$(X_{t_i}, Y_{t_i}, Z_{t_i})$ 为目标在 t_i 时刻的坐标,Type 为目标类型,Attr 为目标属性。对应于该目标的标准航迹,经过数据融合后可得到目标在同一时刻的融合航迹,表示为 $\{\hat{X}_{t_i}, \hat{Y}_{t_i}, \hat{Z}_{t_i}, \hat{\text{Type}}, \hat{\text{Attr}}\}$ ($i = 1, 2, \cdots, N$)。

1. 单目标识别精度

对于目标类型和属性融合的评价,定义以下阶跃函数:

$$\delta(X, Y) = \begin{cases} 1, X = Y \\ 0, X \neq Y \end{cases} \tag{3-34}$$

对于目标类型和属性融合的评价,可以采用正确判断概率的指标:

$$\begin{cases} P_{\text{Type}} = \dfrac{1}{N} \sum_{i=1}^{N} \delta(\hat{\text{Type}}_{t_i}, \text{Type}) \\ P_{\text{Attr}} = \dfrac{1}{N} \sum_{i=1}^{N} \delta(\hat{\text{Attr}}_{t_i}, \text{Attr}) \end{cases} \tag{3-35}$$

2. 多目标识别精度

假如本次仿真中目标航迹总数为 K,各目标融合航迹点的个数为 N_j ($j = 1$, $2, \cdots, K$),则对于目标类型融合的综合正确判断概率为

$$\begin{cases} P_{\text{Type}} = \dfrac{\sum\limits_{j=1}^{K} N_j P_{\text{Type},j}}{\sum\limits_{j=1}^{K} N_j} \\ P_{\text{Attr}} = \dfrac{\sum\limits_{j=1}^{K} N_j P_{\text{Attr},j}}{\sum\limits_{j=1}^{K} N_j} \end{cases} \tag{3-36}$$

式中:$P_{\text{Type},j}$ ——按照式(3-35)计算评价单个目标类型融合的正确判断概率,式中 N 用 N_j 代入;

$P_{\text{Attr},j}$ ——按照式(3-35)计算评价单个目标属性融合的正确判断概率,式中 N 用 N_j 代入。

3.3.4 跟踪能力指标模型

1. 单目标航迹滤波精度

目标航迹精度可以表示为

$$\begin{cases} E_x = \sqrt{\dfrac{1}{N}\sum_{i=1}^{N}(\hat{X}_{ti} - X_{ti})^2} \\[3mm] E_y = \sqrt{\dfrac{1}{N}\sum_{i=1}^{N}(\hat{Y}_{ti} - Y_{ti})^2} \\[3mm] E_z = \sqrt{\dfrac{1}{N}\sum_{i=1}^{N}(\hat{Z}_{ti} - Z_{ti})^2} \\[3mm] E = \sqrt{E_x^2 + E_y^2 + E_z^2} \end{cases} \qquad (3-37)$$

式中:E_x——目标在 x 方向滤波精度;

E_y——目标在 y 方向滤波精度;

E_z——目标在 z 方向滤波精度;

E——目标滤波精度。

2. 多目标航迹滤波精度

假设一次仿真中目标航迹总数为 K,各目标融合航迹点个数为 $N_j(j = 1, 2, \cdots, K)$,则对目标位置的综合均方根误差为

$$\begin{cases} E_x = \dfrac{\sum_{j=1}^{K} N_j E_{xj}}{\sum_{j=1}^{K} N_j} \\[6mm] E_y = \dfrac{\sum_{j=1}^{K} N_j E_{yj}}{\sum_{j=1}^{K} N_j} \\[6mm] E_z = \dfrac{\sum_{j=1}^{K} N_j E_{zj}}{\sum_{j=1}^{K} N_j} \end{cases} \qquad (3-38)$$

式中: E_{xj}、E_{yj}、E_{zj} 为式(3-37)计算的单个目标融合航迹精度,N 用 N_j 代入。

3.3.5 抗干扰能力指标模型

1. 单部雷达探测区

探测区是指雷达未受干扰时可探测目标的区域,它直观描述了雷达在无干扰条件下探测目标的能力。单基地雷达探测区是以雷达为圆心、以某一距离为半径的一个圆所围成的区域。这一距离由雷达最大作用距离和目标高度决定

（图3-5），三者满足[1]

$$r = \sqrt{r_t^2 - h_t^2} \tag{3-39}$$

式中：r——探测区半径(km)；

　　r_t——雷达最大作用距离(km)；

　　h_t——目标高度(km)。

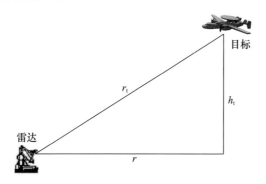

图3-5 雷达探测区半径示意

2. 单部雷达暴露区

雷达暴露区是指雷达受干扰后仍然能够探测目标的区域，目标在该区域仍然可能被发现。雷达暴露区的大小以暴露区半径的概念来衡量。因为雷达在各个方向上的暴露区半径不同，所以单部雷达的暴露区不是一个圆。

3. 组网雷达干扰压制比

组网雷达干扰压制比是指网雷达暴露区与探测区的面积之比，即

$$J = \frac{S_{B_{net}}}{S_{A_{net}}} \tag{3-40}$$

式中：$S_{B_{net}}$——组网雷达干扰暴露区面积；

　　$S_{A_{net}}$——组网雷达合成探测区面积。

干扰压制比作为探测级指标可对组网雷达抗干扰能力强弱进行评估，其直接反映了组网雷达受有源压制性干扰后探测区的变化情况。

3.3.6 抗隐身能力指标模型

1. 隐身目标融合发现概率

组网雷达融合发现概率是指信息融合中心得出的隐身目标发现概率。设组网雷达由 N 部雷达组成，对隐身目标发现情况采用融合判定的方法，采取秩 K 融合规则，即当组网雷达内发现目标的雷达数超过检测阈值 K 时，判为发现目

标。融合判决流程如图 3 - 6 所示。

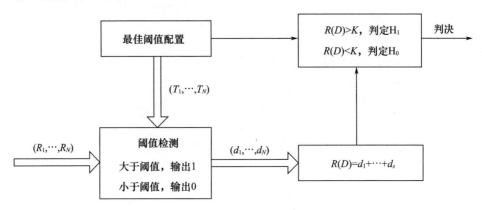

图 3 - 6　融合判决流程图

二元假设:

H_0——目标不出现; H_1——目标出现。

二种判决:

D_0——选择假设 H_0; D_1——选择假设 H_1。

第 S 部雷达:检测概率 $P_{ds} = P(D_1/H_1)$,虚警概率 $P_{fs} = P(D_1/H_0)$,式中 $s = 1, 2, \cdots, N$。

假定 N 部雷达之间互不相关,设判决矢量

$$\boldsymbol{D} = (d_1, d_2, \cdots, d_N) \qquad (3 - 41)$$

每部雷达根据自身对隐身目标的观测做出局部硬判决 $d_i(i = 1, 2, \cdots, N)$,即检测器判决结果非“0”即“1”,它取决于检测器是判决 H_0 还是 H_1,可以表述为

$$d_s = \begin{cases} 1, \text{第 } s \text{ 部判定 } H_1 \\ 0, \text{第 } s \text{ 部判定 } H_0 \end{cases} \qquad (3 - 42)$$

局部判决结果送到信息融合中心,信息融合中心基于接收到的判决矢量产生全局判决,则 D 共有 2^N 种可能,即

$$\begin{cases} D_1 = (0, 0, \cdots, 0, 0) \\ D_2 = (0, 0, \cdots, 0, 1) \\ \quad\vdots \\ D_{2^N} = (1, 1, \cdots, 1, 1) \end{cases} \qquad (3 - 43)$$

假设组网雷达信息融合中心采用并行融合结构,融合规则记为 R,判定规则表示为

$$R(D) = \begin{cases} 1, 若 \sum_{s=1}^{N} d_s \geq K, 则判定 H_1 \\ 0, 若 \sum_{s=1}^{N} d_s < K, 则判定 H_0 \end{cases} \qquad (3-44)$$

所以，信息融合后总的发现概率为

$$P_D = \sum_D \left[R(D) \prod_{S_0} (1 - P_{ds}) \prod_{S_1} P_{ds} \right] \qquad (3-45)$$

式中：S_0 —— $D_i(i = 1,2,\cdots,2^N)$ 中判 H_0 的雷达集合；

S_1 —— $D_i(i = 1,2,\cdots,2^N)$ 中判 H_1 的雷达集合；

D —— 判决空间。

类似地，整个组网雷达地虚警概率为

$$P_F = \sum_D \left[R(D) \prod_{S_1} P_{fs} \prod_{S_0} (1 - P_{fs}) \right] \qquad (3-46)$$

2. 防空反导系统预警时间

组网雷达探测距离是指目标最早暴露点至被保卫目标的距离。

如图 3-7 所示，设某警戒雷达网由 N 部雷达组成，每一部雷达在特定高度层针对特定隐身目标的探测区表示为 A_i，则组网雷达探测隐身目标威力范围可以表示为 $A_i(i = 1,2,\cdots,N)$ 的并集，即

$$A = \bigcup_{i=1}^{N} A_i \qquad (3-47)$$

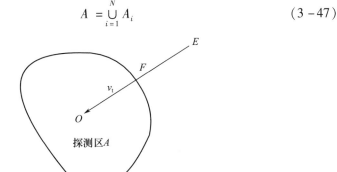

图 3-7　目标空袭示意

被保卫目标位于 O 点，空袭目标飞行航迹的水平投影为 EO，速度为 v_t，则警戒雷达网预警距离可以表示为 EO 与威力区 A 水平投影边界的交点 F 到被保卫目标 O 点的距离 FO。所以防空反导系统的预警时间为

$$T_a = \frac{|FO|}{v_t} \qquad (3-48)$$

式中:FO——目标航迹水平投影位于雷达探测区内的部分(m);

　　v_t——目标速度在航迹上的投影(m/s)。

3.3.7　抗反辐射摧毁能力指标模型

1. ARM 对雷达的毁伤概率

反辐射导弹对雷达的毁伤是碎片毁伤,对雷达一次攻击的毁伤概率为[96]

$$P_h = 1 - 0.5^{\frac{R}{CEP}} \tag{3-49}$$

式中:R——反辐射导弹的有效杀伤半径(m);

　　CEP——反辐射导弹攻击目标时瞄准轴产生的距离偏差(m)。

反辐射导弹低空进入接近雷达时,计算过程中可以忽略仰角。由于存在噪声误差,反辐射导弹测角也存在误差,其误差服从正态分布 $N(0,\sigma_\theta^2)$,其中

$$\sigma_\theta^2 = \frac{\lambda}{r\sqrt{2S_N}} \tag{3-50}$$

式中:λ——导引头工作波长;

　　r——导引头均方根孔径宽度;

　　S_N——单脉冲信噪比。

反辐射导弹测量角为

$$a_c = a_t + a_w \tag{3-51}$$

式中:a_t——真实值;

　　a_w——误差度角,服从 $N(0,\sigma_\theta^2)$ 的随机数。

则

$$CEP = L \cdot a_w \tag{3-52}$$

式中:L——反辐射导弹瞄准轴最终确定目标方位时,导弹与雷达目标的距离,

　　　　其值 15~25km。

式(3-49)是 ARM 对单部雷达的毁伤概率。ARM 对组网雷达的毁伤概率定义为

$$P_H = \sum_{i=1}^{n} \lambda_i P_{hi} \tag{3-53}$$

式中:λ_i——网内第 i 部雷达的重要性权重因子;

　　P_{hi}——ARM 对网内第 i 部雷达的毁伤概率;

　　n——网内雷达的数目。

2. 多雷达诱偏时雷达抗摧毁概率

多雷达诱偏系统是指组网雷达由一部主雷达和若干部辅助雷达组成,主雷达控制辅助雷达工作,使雷达系统对 ARM 构成诱偏态势[97]。组网雷达通过多

点源干扰 ARM,当 ARM 雷达角分辨率不能区分主、辅雷达时,其通常跟踪二者的能量质心点;当 ARM 与目标达到一定距离时,ARM 导引头开始分辨目标,ARM 将以某个概率飞向主雷达或辅助雷达,这个概率称为导引头截获概率(也称导向目标概率)。ARM 跟踪上主雷达的概率一般较小,即使 ARM 能够区分主、辅雷达,其对主雷达也只有 50% 的攻击概率,因此,采用多雷达诱偏能够大大增加主雷达的生存概率。

如图 3 - 8 所示,设在主雷达周围布置了 N 个(通常为 2 ~ 3 个)辅助雷达诱偏点源,其发射的信号与主雷达信号相同,载频一致。设主雷达位坐标原点 (x_0,y_0),同样不考虑仰角。

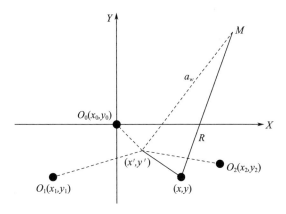

图 3 - 8　多雷达诱偏时 ARM 毁伤情况示意

此时,ARM 始终以视场瞄准轴作为攻击方向,攻击的是各雷达的功率质心。功率质心公式如下:

$$x = \frac{\sum_{i=0}^{N} p_i x_i}{\sum_{i=0}^{N} p_i}, y = \frac{\sum_{i=0}^{N} p_i y_i}{\sum_{i=0}^{N} p_i} \qquad (3-54)$$

式中:p_i 为网内第 i 部雷达功率值。

ARM 攻击目标时瞄准轴产生的距离偏差为

$$\mathrm{CEP}' = \sqrt{x^2 + y^2} + \mathrm{CEP} \qquad (3-55)$$

式中:CEP 为未受诱偏时 ARM 攻击目标所产生的距离偏差,其计算见式(3 - 52)。

在 ARM 受到点源诱偏时,雷达生存概率即抗摧毁概率为

$$P_k = 0.5^{\frac{R}{\mathrm{CEP}'}} = 0.5^{\frac{R}{\sqrt{x^2+y^2}+\mathrm{CEP}}} \qquad (3-56)$$

3. 多基地雷达抗摧毁概率

设组网雷达由 N 部雷达构成,网内各部雷达相互独立,其中一部雷达受到攻击不能正常工作时,其他雷达仍可以正常工作。因此,可以假设多基地雷达在受到 ARM 的攻击时,其被毁伤概率等效为所有雷达站被毁伤的概率。下面从概率论的角度来分析多基地雷达的被毁伤概率。

1) $N = 2$ 的情况

如图 3 – 9 所示,T_1、T_2 为两雷达站所在位置,d 为两雷达站之间的距离,r_a 为 ARM 的威力半径。设只有 ARM 同时或先后命中两个发射站,才会将多基地雷达摧毁。图 3 – 9(a)表示 ARM 分别摧毁两个雷达站为独立事件的情形;图 3 – 9(b)表示 ARM 分别摧毁两个雷达发射站为非独立事件的情形,图 3 – 9(a)是图 3 – 9(b)的一种特殊情况。对于图 3 – 9(b)所示情形,设雷达站 T_1 被摧毁为事件 A,雷达站 T_2 被摧毁为事件 B,其抗摧毁概率为

$$P_{k2} = 1 - P(AB) - 2P(A \cap \bar{B})P(B) \tag{3 – 57}$$

式中:$P(AB)$ ——两个雷达站同时被摧毁的概率;

$2P(A \cap \bar{B})P(B)$ ——两个雷达站先后被摧毁的概率。

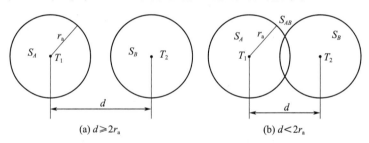

(a) $d \geqslant 2r_a$ (b) $d < 2r_a$

图 3 – 9 $N = 2$ 情形的配置模型示意

假定在 $A \cup B$ 区域内导弹弹着点均匀分布,令 $P(A) = P(B) = P$,由式(3 – 57)可得

$$P_{k2} = 1 - \frac{S_{AB}}{S_A}P - 2\left(1 - \frac{S_{AB}}{S_A}\right)P^2 \tag{3 – 58}$$

式中:P ——雷达站被 ARM 摧毁的概率,其计算公式见式(3 – 49);

S_A、S_B、S_{AB} ——图示区域的面积。

如图 3 – 10 所示,可以得出 S_{AB} 的计算公式为

$$S_{AB} = 2r_a \cdot \theta^2 - r_a \cdot d \cdot \sin\theta$$

$$\theta = \arccos\left(\frac{d}{r_a}\right) \tag{3 – 59}$$

式中：d —— 雷达站配置间的距离；

　　r_a —— ARM 的杀伤半径。

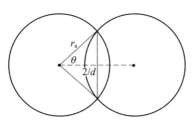

图 3 - 10　S_{AB} 计算示意

2）$N = 3$ 的情况

当 $N = 3$ 时，雷达配置方法有多种，这里重点研究两种情况，如图 3 - 11 所示，图 3 - 11(a) 是图 3 - 11(b) 的特殊情况。在图 3 - 11(b) 配置模型中，设发射站 T_1、T_2、T_3 分别被摧毁对应事件 A、事件 B 和事件 C。由分析可知，其抗摧毁概率为

$$P_{k3} = 1 - \frac{8}{9} \cdot \frac{S_{AB}}{S_A}\left(2 - \frac{S_{AB}}{S_A}\right)P^2 - \frac{32}{27} \cdot \left[\left(1 - \frac{S_{AB}}{S_A}\right)\left(2 - \frac{S_{AB}}{S_A}\right) - \frac{1}{2}\right]P^3 \qquad (3 - 60)$$

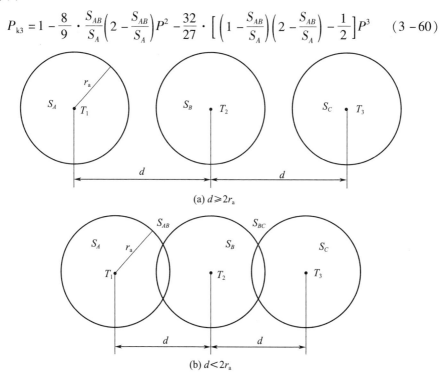

(a) $d \geqslant 2r_a$

(b) $d < 2r_a$

图 3 - 11　$N = 3$ 情形的配置模型示意

3.3.8 抗低空突防能力指标模型

1. 低空目标融合发现概率

融合发现概率是指组网雷达对低空目标的发现概率,组网雷达对低空目标的检测同样可以采用秩 K 融合判定方法,原理与 3.3.6 节中讨论对隐身目标检测情况相同,计算公式见式(3-45)。

2. 低空预警时间

雷达探测低空目标会受到地杂波干扰、地形遮蔽、多径效应和雷达视距等因素的限制,雷达对低空目标的发现概率降低,探测距离缩短,直接造成防空反导系统预警时间缩短,因此防空反导系统预警时间成为衡量组网雷达抗低空能力的一个重要指标。

预警时间可以定义为组网雷达开始发现低空目标时目标和被保卫目标的水平距离 L 与低空目标飞行速度 v 的比值,其计算公式见式(3-48),其中的参数应该按照低空目标的具体情况进行计算。

根据式(3-48)得到低空预警时间后,如果预警时间大于战术任务规定的最小预警时间(如防空反导武器要求的最小系统反应时间),则说明该组网雷达的预警时间达到要求,能够完成规定的作战任务;反之,说明该组网雷达的预警时间未达到要求,不能够完成规定的作战任务。

第 4 章　复杂电磁环境下组网雷达
作战能力仿真与评估模型构建

复杂电磁环境下雷达作战能力发挥存在很大的不确定性,从微观角度着手已很难把握组网雷达宏观的整体涌现效果。为了解决这一问题,可通过构建基于 MAS 的组网雷达作战能力仿真模型,搭建一个总的仿真平台,引入云理论将定量的数值与定性的语言判断结合起来界定复杂电磁环境与雷达作战能力之间的对应关系,设计基于加权网络的复杂电磁环境下组网雷达融合概率模型,最终从战场电磁环境效果维的角度评估分析复杂电磁环境下的组网雷达作战能力。

4.1　基于 MAS 的组网雷达作战能力仿真模型

源于 20 世纪 80 年代末的多 Agent 系统具有自治性、反应性和社会性。MAS 为研究大规模分布式开放系统提供了可能性,为复杂问题的解决提供了有效方案。

4.1.1　Agent 结构模型

Agent 是处在某个环境中的计算机系统,该系统有能力在这个环境中自主行动——实现其设计目标。Agent 是一个能够与外界自主交互并拥有一定知识和推理能力,能够独立完成一定任务的具有社会性的智能实体。因此,在复杂电磁环境下组网雷达作战能力评估建模与仿真分析中,可由多个 Agent 按一定规则结合成局部细节模型,利用 Agent 间的局部连接准则构造出复杂系统的整体模型,最后借助计算机系统实现模型运行,进行仿真实验研究。

Agent 内部结构模型包括其内部状态和行为规则等,图 4 - 1 给出了雷达 Agent 的结构模型。

如图 4 - 1 所示,雷达 Agent 模型结构主要包括三部分:①用于记录雷达 Agent 当前和历史作战能力的一组状态参量;②用来指导雷达 Agent 行为的一个规则集合;③对应雷达 Agent 行为方式的一个感知环境传感器和作用于环境的

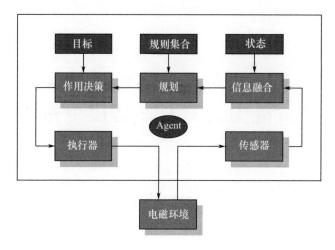

图 4 – 1　雷达 Agent 的结构模型

执行器。

雷达 Agent 运作流程:①接收外部电磁环境的当前信息,依据组网雷达系统内部状态进行信息融合,产生修改后的状态描述;②在规则集的支持下制定规划,在目标指引下,形成动作序列,对雷达作战能力发生作用;③雷达作战能力在所有能力指标及相关影响因素的共同作用下进入下一个状态。之后系统进入下一轮循环。基于外部电磁环境信息,以及 Agent 各自不同的内部状态和规则集合,输出了不同的决策行为。

系统中的每一个实体只对应于一个具体的 Agent 对象。通过 Agent 结构模型的分析,就可以逐一研究 MAS 系统中每一类 Agent 的内部状态、规则模式和行为方式,并根据具体问题需要,采取相应的特殊化处理。

4.1.2　MAS 模型

将多个可以相互交互的 Agent 组成的系统称为多 Agent 系统。MAS 系统结构如图 4 – 2 所示,在 MAS 中包含有多个 Agent,双箭头连线表示 Agent 之间通过通信相互交互,虚线圈中的 Agent 表示它们之间具有一定的组织关系。图中阴影部分表示环境,Agent 可以在环境中动作,不同的 Agent 在环境中有不同的作用范围,对环境的影响部分也不同,由于 Agent 之间存在依赖关系,在有些情况下影响的范围可能会重叠[98]。

基于 MAS 建模仿真的步骤如下:

(1) 根据研究问题的需要,将系统组成抽象为适当粒度水平的 Agent;

(2) 确定 Agent 及其他对象的类型、属性、行为规则;

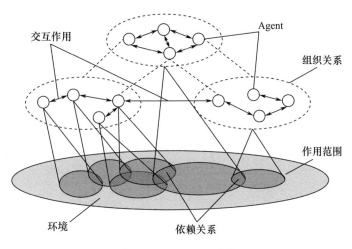

图 4 – 2　MAS 系统结构

（3）确定 Agent 所处的环境,包括系统外部环境和系统内与之交互的 Agent;

（4）确定 Agent 之间以及 Agent 与环境交互时更新属性的方法;

（5）确定 Agent 交互控制方法,包括交互条件控制、交互方式控制等;

（6）Agent 模型的仿真实现。

为了适当地简化系统仿真模型,将作战区域网格化,每个小方格称为子区域,每个子区域有着统一的电磁环境物理维复杂度,雷达在同一个子区域中受干扰情况相同。将每个雷达抽象为一个 Agent 模型,通过 Agent 来描述雷达的行为、特性,Agent 可以在网格间移动。

雷达种类很多,可根据种类及型号定义不同的 Agent。就单 Agent 而言,其受影响情况与其所在的子区域电磁环境物理维干扰强度有关,可直接计算得出雷达作战能力变化情况。而 MAS 模型作为一个系统,Agent 受子区域电磁环境的影响以及 Agent 基于规则的反应,都会导致系统中 Agent 相互之间关联发生改变,反映在整体上就是组网雷达作战能力受到影响的变化情况,体现了复杂电磁环境下组网雷达作战能力输出的涌现性。

基于 MAS 的复杂电磁环境下组网雷达作战能力仿真模型结构如图 4 – 3 所示。

Agent 代表了各类仿真主体,具有以下属性:

（1）编号:每个个体都有全局唯一的标识。

（2）形状:使用不同图形表示不同类别的主体,以示区别。

（3）颜色:标示电磁环境物理维复杂度等级以及雷达抗电磁干扰能力等级。

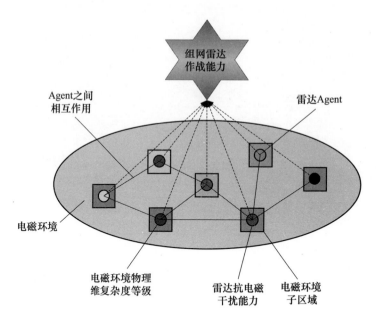

图 4 - 3　基于 MAS 的组网雷达作战能力仿真模型结构

（4）位置：所处单元格坐标。

（5）作战能力：雷达在电磁环境中各项能力的发挥情况。

雷达 Agent 在受到电磁干扰后能力发生变化，促使雷达 Agent 在原有组网中的作用降低，导致组网雷达作战能力受到影响，甚至有可能改变原有工作关系，对组网情况产生影响。当组网中各类 Agent 同时变化时，情况会更加复杂。

MAS 模型可以实现三种功能：一是在电磁环境不变的情况下，雷达如何组网可实现作战能力的最优发挥；二是在电磁环境变化的情况下，考查原组网雷达整体作战能力的变化情况；三是在电磁环境变化的情况下，对多种组网雷达的优劣情况进行考查。对具体问题而言，根据组网雷达需达到的作战需求，可以通过更改网络工作关系或是改变雷达相对位置，以实现雷达最佳的组网结构，在电磁环境不变的情况下发挥最佳作战能力。

4.2　基于云模型的复杂电磁环境下雷达探测能力评估模型

云理论是我国著名学者李德毅院士提出的，在知识开采和数据挖掘研究领域逐步发展起来，是亦此亦彼的"软"边缘性理论。云理论为解决不确定性问题，尤其是为解决模糊性和随机性问题提供了一种有力手段。

4.2.1　云理论

1. 云的基本概念

设 U 是一个用精确数值表示的定量论域(可以是一维的,也可以是多维的),T 是 U 上的定性概念。若定量值 $x \in U$,且 x 是定性概念 T 的一次随机实现(概率意义上的实现),x 对 T 的确定度 $C_T(x) \in [0,1]$ 是有稳定倾向的随机数(既是模糊集意义下的隶属度,又是概率意义下的分布,体现了模糊性和随机性的关联性),即

$$C_T(x):U \rightarrow [0,1]; \forall x \in U, x \rightarrow C_T(x) \tag{4-1}$$

则 x 在论域 U 上的分布称为云,每一个 x 称为一个云滴。

2. 云的数值特征

云的整体特性通过云的期望 Ex(Expected)、熵 En(Entropy)和超熵 He(Hyper entropy)三个数值来表示。其中:Ex 是云的重心位置,标定了相应的定性概念的中心值;En 是定性概念不确定性的度量,它的大小反映了在论域中可被定性概念接受的元素数,即亦此亦彼性的阈度;He 是熵 En 的不确定性的度量,即熵的熵,它反映了云的离散程度[99]。

在图 4-4 中,用云的概念来描述"雷达中等探测能力"这一定性的语言值,其中 Ex=0.5,En=0.1(根据概率论与数理统计学知识,Ex 的左右各 3En 的范围内应覆盖99% 的可被概念接受的元素),而 He 可大约赋值为0.03,通过正态云发生器可得到"雷达中等探测能力"的描述。

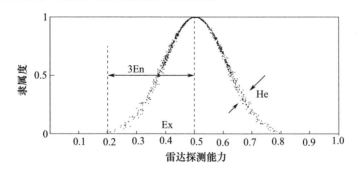

图 4-4　"雷达中等探测能力"云模型及数字特征示意

在一维云的基础上,相应地定义二维云的数字特征,即期望值(Ex_1,Ex_2)、熵(En_1,En_2)、超熵(He_1,He_2)[100],如图 4-5 所示。其中:

(1)期望值(Ex_1,Ex_2):二维云覆盖范围下的 X_1OX_2 平面上投影面积的形心 $G(x_1 = Ex_1, x_2 = Ex_2)$,它反映了相应的由两个定性概念原子组合成的定性

概念的信息中心值。

（2）熵（En_1，En_2）：二维云在X_1OY平面和X_2OY平面上投影后的边缘曲线——期望曲线的熵。它反映了定性概念在坐标轴方向上的亦此亦彼性的阈度。由Ex_1、En_1和Ex_2、En_2的数字特征值分别确定了X_1OY和X_2OY平面上具有正态分布形式的云期望曲线方程，即

$$Y_1 = e^{-\frac{(x_1-Ex_1)^2}{2En_1^2}}, Y_2 = e^{-\frac{(x_2-Ex_2)^2}{2En_2^2}} \tag{4-2}$$

（3）超熵（He_1，He_2）：He_1或He_2间接反映了二维云在这一平面上投影（一维云）的厚度，即其离散程度。

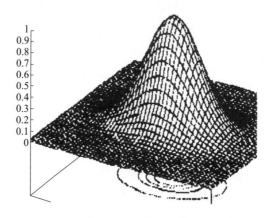

图4-5　二维云示意

3. 云发生器和云推理规则模型

云发生器是指被软件模块化或硬件固化了的云模型生成算法模型。云发生器建立起定性和定量之间相互联系、相互依存的映射关系。由定性概念到定量表示的过程，是由云的数字特征产生云滴的具体实现，称为正向云发生器（Forward Cloud Generator，FCG）；由定量表示到定性概念的过程，是由云滴群得到云的数字特征的具体实现，称为逆向云发生器（Backward Cloud Generator，BCG）。

根据数字特征（Ex，En，He）生成n个云滴的一维正向云发生器算法如下：

（1）生成以Ex为期望，En为标准差的正态随机数x_i：$x_i = G(Ex,En)$；

（2）生成以En为期望，He为标准差的正态随机数En_i'：$En_i' = G(Ex,He)$；

（3）计算$\mu_i = \exp[-(x_i-Ex)^2/2En_i'^2]$，令$(x_i,\mu_i)$为云滴；

（4）重复步骤（1）～（3），直到产生n个云滴为止。

类似地，二维正向云发生器算法如下：

（1）生成一个以（Enx，Eny）为期望值，（Hex^2，Hey^2）为方差的二维正态随机数（Enx_i'，Eny_i'）；

（2）生成一个以 $(\mathrm{Ex}, \mathrm{Ey})$ 为期望值，$(\mathrm{En}x_i'^2, \mathrm{En}y_i'^2)$ 为方差的二维正态随机数 (x_i, y_i)；

（3）计算 $\mu_i = \exp\left[-(x_i - \mathrm{Ex})^2/2\mathrm{En}x_i'^2 - (y_i - \mathrm{Ey})^2/2\mathrm{En}y_i'^2 \right]$；

（4）令 (x_i, y_i, μ_i) 为一个云滴，它是该云表示的语言值在数量上的一次具体实现，其中 (x_i, μ_i) 为定性概念在论域中这一次对应的数值，μ_i 为 (x_i, μ_i) 属于这个语言值的程度的量度；

（5）重复步骤（1）～（4），直到产生要求的 n 个云滴为止。

基于确定度信息的逆向云发生器算法如下：

（1）计算 x_i 的平均值 $\mathrm{Ex} = \mathrm{mean}(x_i)$（$\mathrm{mean}(\ )$ 为均值函数），求得期望值 Ex；

（2）计算 x_i 的标准差 $\mathrm{En} = \mathrm{stdev}(x_i)$（$\mathrm{stdev}(\ )$ 为标准差函数），求得熵 En；

（3）对每一数对 (x_i, μ_i)，计算

$$\mathrm{En}_i' = \sqrt{\dfrac{-(x_i - \mathrm{Ex})^2}{2\ln(\mu_i)}} \tag{4-3}$$

（4）计算 En_i' 的标准差 $\mathrm{He} = \mathrm{stdev}(\mathrm{En}_i')$，求得超熵 He。

云可以根据不同的条件来生成，在给定论域中特定的数值 x 的条件下的云发生器称为 X 条件云发生器，如图 4-6 所示。在给定特定的隶属度值 μ 的条件下的云发生器称为 Y 条件云发生器，如图 4-7 所示。X 条件云发生器生成的云滴位于同一条竖直线上，横坐标数值均为 x，纵坐标隶属度值呈概率分布。Y 条件云发生器生成的云滴位于同一条水平线上，被期望值 Ex 分成左右两组，纵坐标隶属度值均为 μ，两组横坐标数值分别呈概率分布。两种条件云发生器是运用云模型进行不确定性推理的基础。

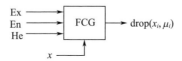

图 4-6　X 条件云发生器示意

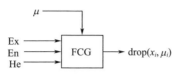

图 4-7　Y 条件云发生器示意

由各种云发生器可以组合起来构造云规则生成器，可实现从一个定性概念到另一个定性概念的推理。利用二维 X 条件云发生器和一维 Y 条件云发生器可以构造一条复杂的定性规则生成器。例如，规则 IF A and B THEN C 的云发生

器如图4-8所示,其中PCG为二维云发生器,CG为一维云发生器。

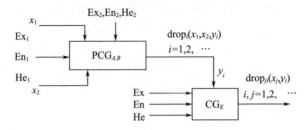

图4-8 二维单规则云发生器示意

因此,当确定了输入值时,就知道一个规律性的结果。当多个这样的二维云单规则生成器组合起来作用时,就构成了二维多规则生成器。而且规则条件也可以是多个,如此就形成了复杂的推理机制(图4-9),利用多规则生成器,就可以进行较高层次、较高难度的知识预测及评估分析,其中CG^{-1}为一维逆向云发生器。

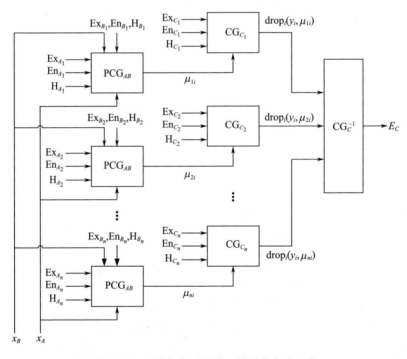

图4-9 二维标准n规则云模型发生器示意

4.2.2 复杂电磁环境下雷达探测能力二维云推理规则及云生成器

云模型数据发掘存在着大量的预测问题,将二维云规则作为预测手段、复杂电磁环境下雷达探测能力作为预测对象,由系统做出预测推断、输出预测结果,这样可以为复杂电磁环境下组网雷达作战能力仿真与评估提供指导,避免盲目性。

复杂电磁环境对雷达探测能力 C 的影响程度,主要由电磁环境干扰强度 P 和雷达抗电磁干扰能力 D 两个因素决定。

1. 电磁环境物理维电磁干扰强度

为便于对复杂电磁环境中物理维干扰强度进行界定,可以将战场空间环境划分为规则的具有边界的战场环境单元格。为便于识别,对所有单元格设定二维坐标,并认为在此单元格内电磁干扰强度具有统一值。电磁干扰强度计算方法可参见附录 A。

电磁环境物理维干扰强度等级见表 4-1。

表 4-1　电磁环境物理维干扰强度等级

等级	描述内容
A	电磁干扰强度很低
B	电磁干扰强度较低
C	电磁干扰强度中等
D	电磁干扰强度较高
E	电磁干扰强度很高

将电磁环境物理维干扰强度等级用云来描述,如图 4-10 所示。

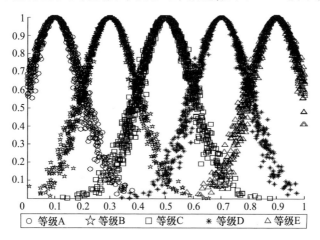

图 4-10　电磁环境物理维干扰强度等级云图

电磁环境物理维干扰强度每一个等级的定性描述都可以用一个正态云来拟合,横坐标表示定性评语对应的定量值,纵坐标表示每一个云滴对云的隶属度值。显然,云的最高点对应的横坐标值,即定性评语的期望值。

2. 雷达抗电磁干扰能力

雷达抗电磁干扰能力包括雷达固有抗干扰能力和雷达作战使用的动态抗干扰能力两部分。其中:固有抗干扰能力主要由雷达战技性能、工作体制、抗干扰技术等组成;动态抗干扰能力主要由复杂电磁环境认知维中指挥员的电磁态势识别能力、指挥决策能力和各种战法的正确运用能力,以及雷达操控人员操控水平和经验等组成。雷达抗电磁干扰能力等级见表4-2。

表4-2 雷达抗电磁干扰能力等级

等级	描述内容
1	抗电磁干扰能力很强
2	抗电磁干扰能力较强
3	抗电磁干扰能力中等
4	抗电磁干扰能力较弱
5	抗电磁干扰能力很弱

将雷达抗电磁干扰能力等级用云来描述,如图4-11所示。

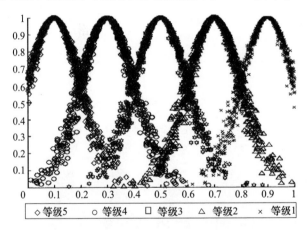

图4-11 雷达抗电磁干扰能力等级云图

同样,雷达抗电磁干扰能力每一个等级的定性描述也可以用一个正态云来拟合,横坐标表示定性评语对应的定量值,纵坐标表示每一个云滴对云的隶属度值,云的最高点对应的横坐标值,即定性评语的期望值。

3. 复杂电磁环境下雷达探测能力定性评估规则

分析复杂电磁环境条件下雷达探测能力 $C = f(P, D)$,需要将表4-1和表4-2中的所有知识信息结合起来,会有5×5种关于复杂电磁环境条件下雷达探测能力的推测结果。可以根据实际情况,利用能够掌握的历史资料信息进行聚类归纳,给出部分探测能力的推测结果,利用规则推理器的方法对其他情况下复杂电磁环境对雷达探测能力影响情况进行推理或预测。根据信息分布特点和聚类归纳结果,列出 9 条关于电磁干扰强度和雷达抗电磁干扰能力共同作用下,与雷达探测能力输出值之间的定性规则,这 9 条规则如附录 B 中表 B – 1 所列。

用于复杂电磁环境下雷达探测能力评估的 9 条定性规则,可通过图 4 – 12 所示的标准多规则控制器对象简单地映射过来,将一个定性分析问题以云模型为工具来进行定量分析。图 4 – 12 中,P 表示电磁环境干扰强度,D 表示雷达抗电磁干扰能力,C 表示复杂电磁环境下雷达作战能力,x_P 表示电磁环境干扰强度值,x_D 表示雷达抗电磁干扰能力值,E_C 表示电磁环境对雷达作战能力的影响作用结果。

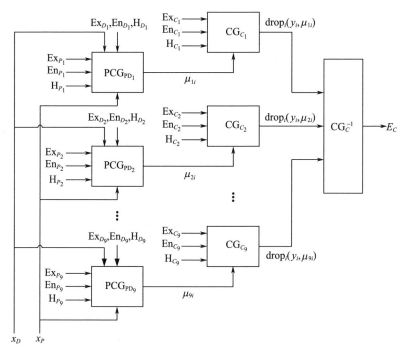

图 4 – 12　二维标准 9 规则的云模型发生器示意

完成这项工作还需要给出规则前件云(二维云)和规则后件云(一维云)的数字特征。数字特征可以根据历史数据以及数理统计原理综合确定。

4.2.3　复杂电磁环境下雷达探测能力评估的云模型算法

构造了复杂电磁环境下雷达探测能力评估的云规则发生器后,任意一条电磁环境复杂性因素的相关信息都可以经过云规则发生器的处理,输出该条复杂性因素对雷达探测能力影响评估的结果。具体算法过程如下:

（1）对每一条单规则,以$(\mathrm{En}_D, \mathrm{En}_P)$为期望、$(\mathrm{He}_D, \mathrm{He}_P)$为方差,生成符合二维正态分布的一个二维随机值$(\mathrm{En}_{Dj}, \mathrm{En}_{Pj})$ $(j = 1, 2, \cdots, 9)$。

（2）根据给定,输入某雷达抗电磁干扰能力值和所处电磁环境干扰强度值(x_D, x_P),由步骤（1）中的$(\mathrm{En}_{Dj}, \mathrm{En}_{Pj})$求出由各个单规则生成器前件中输入$(x_D, x_P)$值所得到的激活强度,即隶属度

$$\mu_j = \mathrm{e}^{-\left[\frac{(x_D - \mathrm{Ex}_D)^2}{2\mathrm{En}_{Dj}^2} + \frac{(x_P - \mathrm{Ex}_P)^2}{2\mathrm{En}_{Pj}^2}\right]} \tag{4-4}$$

（3）取μ_j中最大μ_{j_1}和次大的μ_{j_2},则其相应的两条单规则被激活。分别根据这两条规则给定后件的$(\mathrm{En}_{Ck}, \mathrm{He}_{Ck})$随机生成以$\mathrm{En}_{Ck}$为期望,$\mathrm{He}_{Ck}$为方差的一维正态随机值$\mathrm{En}_{Ck_1}, \mathrm{En}_{Ck_2}$ $(k = 1, 2, \cdots, 9)$中的某一个值。

（4）反计算求得在$(\mu_{j_1}, \mathrm{En}_{Ck_1})$条件下的两个$y_{C_1}$值和$(\mu_{j_2}, \mathrm{En}_{Ck_2})$,$\mathrm{En}_{Ck_2}$条件下的两个$y_{C_2}$值（因为反计算中涉及开方,所以$y_{C_1}$、$y_{C_2}$值各有两个）,即

$$\mu_{j_1} = \mathrm{e}^{-\frac{(y_{C_1} - \mathrm{Ex}Ck_1)^2}{2\mathrm{En}_{Ck_1}^2}}, \mu_{j_2} = \mathrm{e}^{-\frac{(y_{C_2} - \mathrm{Ex}Ck_2)^2}{2\mathrm{En}_{Ck_2}^2}} \tag{4-5}$$

（5）各取两个y_{C_1}和y_{C_2}中的一个,它们的距离较之另外的y_{C_1}和y_{C_2}的距离要小。根据所取的两点(μ_{j_1}, y_{C_1})和(μ_{j_2}, y_{C_2}),反计算出经过此两点的正态曲线的期望值,即

$$\mathrm{Ex}_C = \frac{y_{C_1}\sqrt{-\ln\mu_{j_2}} + y_{C_2}\sqrt{-\ln\mu_{j_1}}}{\sqrt{-\ln\mu_{j_1}} + \sqrt{-\ln\mu_{j_2}}} \tag{4-6}$$

这个输出结果即是复杂电磁环境下雷达探测能力的评估值。通过该模型,可定量分析复杂电磁环境对雷达探测能力的影响。

（6）求取该值代表的定性语言结论。例如,给定用云模型实现复杂电磁环境下雷达探测能力评测的评语集:

$V = (v_1, v_2, \cdots, v_9) = \{$极弱、很弱、弱、较弱、中等、较强、强、很强、极强$\}$

设雷达常态下的探测能力为1,把9个评语置于连续的语言标尺上,并且每个评语值都用云模型来实现,就构成一个定性测评的云发生器,评语的数字特征如表4-3所列,云标尺中的云簇形成定性评语的激活区间,如图4-13所示。

表4-3　定性评语集的云数字特征值

	极弱	很弱	弱	较弱	中等	较强	强	很强	极强
Ex	0.000	0.125	0.250	0.375	0.500	0.625	0.750	0.875	1.000
En	0.103	0.100	0.097	0.100	0.102	0.100	0.103	0.098	0.103
He	0.010	0.012	0.011	0.010	0.011	0.011	0.010	0.011	0.012

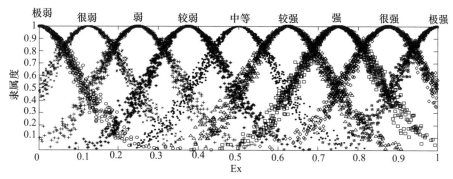

图 4-13　雷达探测能力大小定性语言值分布

将求得的作战能力定量值 α 输入测评云发生器中,同时制定阈值 γ,如 $\gamma = 0.1$,则:若激活某个评语云对象的程度远大于其他评语值(二者激活程度差值的绝对值大于给定的阈值 γ)时,该评语即可作为对雷达作战能力的定性测评结果输出;若激活了两个评语值的云对象,且激活的程度相差不是很大(二者激活程度差值的绝对值小于某给定的阈值 γ),结果输出为该两个评语值。此时雷达作战能力的定性评估应介于这两个评语值之间,由用户再定义。

4.3　基于加权网络的复杂电磁环境下组网雷达融合概率模型

仅刻画拓扑结构的网络模型称为无权网络,引入边权 w_{ij} 来刻画点 i 和点 j 之间的相互作用,将这类带有边权的网络统称为加权网络[101],加权网络蕴含着比无权网络更多的信息。实际上 w_{ij} 仅取 0 或 1 就得到无权网络,所以无权网络是加权网络的特例。因此,从加权网络出发既可以研究网络的拓扑结构属性,也可以研究网络的加权结构属性,是适用范围更广的一类网络模型。

4.3.1　基于加权网络的雷达通信数据融合算法

将组网雷达中的雷达装备种类一一列举,通过层次分析法可对网络中各类雷达在网中的重要度进行权重分配,如表 4-4 所列。

表 4-4　雷达种类权重分配表

雷达种类	A	B	C	…	N
权重值	x_1	x_2	x_3	…	x_n

注: $\sum_{i=1}^{n} x_i = 1$。

如图 4 - 14 所示,网络中包括两种雷达 A 和 B,设通过比较得到雷达 A 的权重为 0.7,雷达 B 的权重为 0.3。

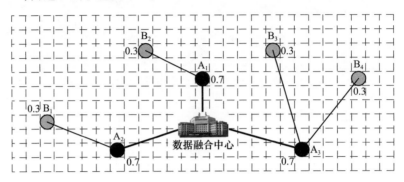

图 4 - 14　组网雷达中雷达权重分配(一)

依据网络关系和数据通信方式,图 4 - 14 与图 4 - 15 等价。

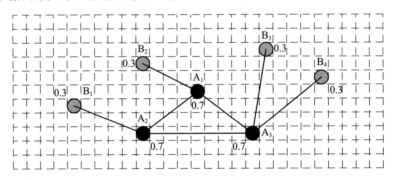

图 4 - 15　组网雷达中雷达权重分配(二)

在加权网络中,设 w_{ij} 表示相连的两个节点 i 和 j 之间边的权重。一个加权网络可以用网络的连接权重矩阵 $\boldsymbol{W} = \{w_{ij}\}$ 表示,其中 $i,j = 1,2,\cdots,N,i \neq j,N$ 为网络中节点总数。本模型考虑的是无向网络,因而权重矩阵是对称的,即有 $w_{ij} = w_{ji}$,则加权网络中节点的强度(或称点权)为

$$s_i = \sum_{j \in \tau(i)} w_{ij} \qquad (4-7)$$

式中: $\tau(i)$ 为所有与节点 i 相连节点的集合。

因为在组网雷达中相连接两节点的信息传输受能力较小一方的约束,所以模型中设相连的两个节点 i 和 j 之间边的权重 w_{ij} 的大小为相连两雷达权重较小的一方,即 $w_{ij} = \min(w_i,w_j)$,如图 4 - 16 所示,进而得到组网雷达中各点权的分布,如图 4 - 17 所示。

模型中可将雷达网中的点权理解为网络中各雷达在整个雷达网中的权重大

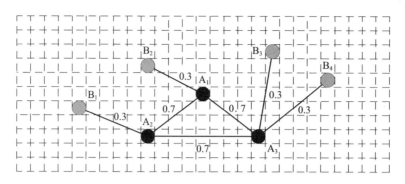

图 4 - 16 组网雷达边权分布

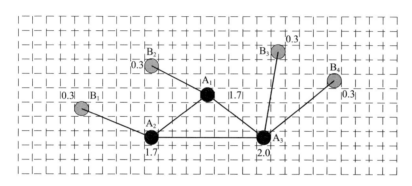

图 4 - 17 组网雷达点权分布

小,将网络中点权归一化后即可得到雷达在整个雷达网中的权重大小 ω_i,如图 4 - 18 所示。

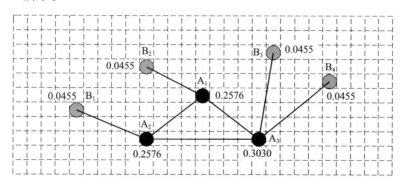

图 4 - 18 组网雷达中雷达权重分布

由于受电磁环境干扰,雷达数据通信能力下降程度不同。设组网雷达中每部雷达的数据通信能力为 e_i ($i = 1, 2, \cdots, n$),则复杂电磁环境对网内雷达数据

通信能力的影响因子为

$$E_i = e_i^{\omega_i} \tag{4-8}$$

设图 4-18 中各雷达在复杂电磁环境作用下的数据通信能力值如表 4-5 所列。

表 4-5 复杂电磁环境下雷达数据通信能力值

雷达装备	A_1	A_2	A_3	B_1	B_2	B_3	B_4
能力值 e_i	0.6	0.6	0.7	0.4	0.4	0.5	0.5

通过计算,可得到雷达网中雷达数据通信能力值,如图 4-19 所示。

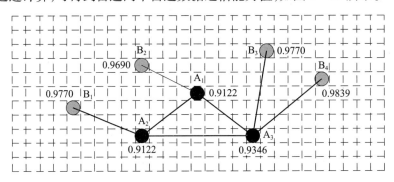

图 4-19 组网雷达中雷达数据通信能力值分布

4.3.2 复杂电磁环境下组网雷达融合概率算法

组网雷达发现目标融合概率为

$$P_{融合} = 1 - \prod_{i=1}^{n}(1 - E_i P_{di}), i = 1, 2, \cdots, n \tag{4-9}$$

设图 4-19 中各雷达在复杂电磁环境作用下发现目标的概率 $P_{di}(i = 1, 2, \cdots, n)$ 如表 4-6 所列。

表 4-6 雷达发现目标概率

雷达装备	A_1	A_2	A_3	B_1	B_2	B_3	B_4
P_{di}	0.6	0.5	0.5	0.5	0.6	0.4	0.3

由式(3-3)可得组网雷达未受电磁环境影响情况下发现目标融合概率 $P_{融合} = 0.9916$,由式(4-9)可得组网雷达在复杂电磁环境下发现目标融合概率 $P_{融合} = 0.9859$。通过结果可以发现:当组网雷达网间数据传输受到干扰时,网内数据传输的误码率增大,对网内数据通信产生一定影响,造成网内雷达探测目标概率降低;但通过多部雷达数据融合后,组网雷达发现目标融合概率可信度基本

不受影响。因此,在雷达组网中对于固定基站应尽量采取有线数据传输手段,避免电磁环境干扰,机动雷达应通过技战术手段尽量降低电磁环境干扰,保证雷达数据的有效传输;同时应尽量增加网内雷达种类和数量,加大对目标的探测力度。

第 5 章　仿真实现与评估分析

NetLogo 是一个可编程、能够模拟自然界与社会领域各类复杂对象行为演化规律的较高层次的 Agent 建模仿真平台,它提供了使用简单却功能强大的建模语言,能够很好地完成复杂系统建模的模拟测试。利用 NetLogo 仿真平台,对复杂电磁环境下组网雷达作战能力模型进行仿真实现,为战场电磁环境复杂度评估、组网雷达战术战法研究、组网雷达作战能力仿真与评估、复杂电磁环境对组网雷达作战能力影响分析等研究工作提供了思路、创造了条件。

5.1　基于 NetLogo 的仿真功能实现

1999 年,美国西北大学连接学习与计算机建模中心(Center for Connected Learning and Computer – Based Modeling,CCL) 的 Uri Wilensky 首次开发了 NetLogo 平台,这是一款基于 Java(Version 1. 4. 1) 开发的,能独立运行的完整编程开发环境,能在 Mac、Windows 等操作系统上运行。实际上,NetLogo 是多 Agent 建模语言,自 1999 年以来,平台得到了不断更新。

NetLogo 是继承了 Logo 语言的一套编程开发平台,但它又改进了 Logo 语言只能控制单一 Agent 的不足,它可以在建模中控制成千上万只 Agent。因此,NetLogo 建模能较好地模拟微观个体的行为和宏观模式的涌现,及其两者之间的相互联系。NetLogo 是用于模拟自然与社会现象的编程语言和建模平台,非常适合模拟随时间发展的复杂系统。

自 2007 年推出的 NetLogo4. 0 之后,NetLogo 可以基于如下四类 Agent 建模:

(1) 海龟(turtles) :海龟用于模拟能够在世界中移动的 Agent,它们具有自己的属性和行为特征,海龟可与海龟或瓦片进行交互。每个海龟的位置以坐标(xcor,ycor,zcor) 表示,xcor、ycor、zcor 均为浮点型数值。因此,对海龟来说整个模拟世界是连续的,它们可以位于一个 patch 的任何位置,而一个 patch 也可以同时包含多个海龟。

(2) 瓦片(patches) :模拟世界被表征为由众多瓦片组成的三维网格。每个瓦片是可编程的 Agent,它们各自占据一个正方体小块,对应坐标为(pxcor,py-cor,pzcor)。NetLogo 的模拟世界并不是简单的水平三维空间,可以通过对网格水平面和垂直面边界回绕方式的控制,产生不同的拓扑结构,比较典型的是环状(torus)和盒状(box)结构。系统默认的结构是环面,即在水平和垂直方向边界都进行回绕(wrap),形成闭合的有限无界空间。当海龟超越一个边界面时,会在对应另一边界面上出现。盒状在三个方向都不回绕,因此,上下、左右、前后均有边界,海龟移动时无法超越边界。

(3) 观察员(observer):观察员是一个全局主体,它观察着由海龟和瓦片构成的世界,能够执行指令获取世界全部或部分的状态,或实现对世界的控制。而观察者虽然没有在模拟世界中的具体定位,但可以看成对海龟和瓦片进行观测的一个实体。

(4) 链接(links):链接是连接两个海龟的 Agent,通常用两个海龟间的连线来表示,而被连接的两个海龟被称为结点,这类 Agent 主要用于网络建模、几何学建模等。与观察员 Agent 一样,链接也没有具体的位置,它们不存在于任何一个瓦片中,也不能计算一个链接到任意点的距离。NetLogo 规定了有向(directed)链接和无向(undirected)链接。有向链接是从一个结点指向另一个结点的链接;而无向链接中,两个结点海龟是对等的,不具指向性。

NetLogo 是一个不必依托其他编程环境而自主运行的独立系统,在使用NetLogo 进行开发时,只须从其官网上下载所需的版本,经过导向式安装,即可直接进入 NetLogo 主程序进行个性化开发。基于 NetLogo 的建模过程比其他 Agent仿真平台的建模更简单、更轻松,NetLogo 蕴藏着强大建模仿真能力,可以广泛应用于社会科学、经济学、生物学等领域。

复杂电磁环境下组网雷达作战能力仿真与评估,应具备组网雷达作战能力仿真与评估、战场电磁环境复杂度评估、组网雷达战术战法研究、复杂电磁环境对组网雷达作战能力影响分析等功能。

(1) 作战能力仿真与评估:基于云推理规则,分析评估复杂电磁环境对组网雷达探测能力的影响;基于 MAS 和复杂网络模型,对组网雷达作战能力进行仿真与评估。

(2) 战场电磁环境复杂度评估:通过仿真结论,分析评估战场电磁环境"效果维"的复杂度。

(3) 组网雷达战术战法研究:根据组网雷达作战运用的特点与要求,设置不同的组网方式和对抗措施,并进行仿真试验、用来研究组网雷达战术战法和对抗措施运用效果。

5.2 复杂电磁环境下组网雷达探测能力仿真与评估

5.2.1 评估模型

受电磁环境的干扰作用,雷达最大探测距离会有不同程度的变化。为便于比较分析,对模型进行以下设定:

(1)设雷达探测范围 $S_i = \theta \cdot y_i^2 / 2(i = 1,2,\cdots,n)$,式中: θ 为雷达探测扇面,如果雷达是全向扫描,则 $\theta = 2\pi$, y_i 为网内不同雷达最大探测距离。设雷达在未受干扰情况下的最大探测距离为 $y_k^0(k = 1,2,\cdots,n)$,作为复杂电磁环境对雷达探测距离影响评估的参考标准,如图 5 - 1 所示。

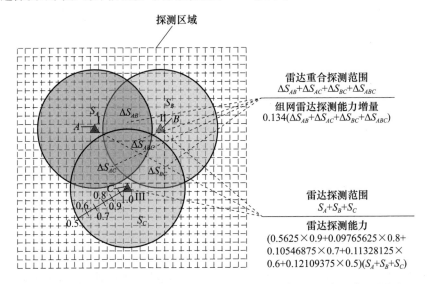

探测区域

雷达重合探测范围
$\Delta S_{AB} + \Delta S_{AC} + \Delta S_{BC} + \Delta S_{ABC}$

组网雷达探测能力增量
$0.134(\Delta S_{AB} + \Delta S_{AC} + \Delta S_{BC} + \Delta S_{ABC})$

雷达探测范围
$S_A + S_B + S_C$

雷达探测能力
$(0.5625\times0.9+0.09765625\times0.8+0.10546875\times0.7+0.11328125\times0.6+0.12109375\times0.5)(S_A+S_B+S_C)$

图 5 - 1 未受电磁环境干扰的组网雷达探测能力分析图(彩色版本见彩插)

(2)定义以电磁环境单元格宽度为 1 个单位距离,雷达探测距离为同一方向单元格数量,设雷达在 θ 内探测距离相同,雷达探测范围为其探测距离内所覆盖单元格数量。

(3)设组网雷达中有 n 部雷达,其探测能力为

$$E = \sum_{i=1}^{n} e_i + \Delta E \qquad (5-1)$$

式中: $e_i = p_j \cdot S_{ij}$, p_j 为发现概率($p_j = 0.5,0.6,\cdots,0.9$), S_{ij} 为第 i 部雷达发现概率为 p_j 的探测范围。

根据式(3-2)可得

$$e_i = (0.5625 \times 0.9 + 0.09765625 \times 0.8 + 0.10546875 \times 0.7 +$$
$$0.11328125 \times 0.6 + 0.12109375 \times 0.5)S_i \qquad (5-2)$$

为简化算法,保守估计雷达重合探测区域 ΔS 的探测能力增量 $\Delta E = 0.134\Delta S$。如图 5-1 所示,设雷达网络未受电磁环境干扰,3 部同一型号雷达 Ⅰ、Ⅱ、Ⅲ所处单元格 A、B、C 中,探测范围 $S_A = S_B = S_C$,重合区域的范围为 ΔS_{AB}、ΔS_{AC}、ΔS_{BC}、ΔS_{ABC}。由于雷达未受到电磁环境干扰的影响,设雷达 Ⅰ、Ⅱ、Ⅲ的探测半径同为 7 个单元格。以雷达Ⅲ为例,概率为 0.5、0.6、0.7、0.8、0.9 的探测面积为 $0.12109375S_C$、$0.11328125S_C$、$0.10546875S_C$、$0.09765625S_C$、$0.5625S_C$。图 5-1 中雷达探测范围为

$$S = S_A + S_B + S_C = 468$$

雷达重合探测范围为

$$\Delta S = \Delta S_{AB} + \Delta S_{AC} + \Delta S_{BC} + \Delta S_{ABC} = 96$$

由式(5-1)和式(5-2)可得未受电磁环境干扰的组网雷达探测能力为

$$E = 368.184375 + 12.864 = 381.048375$$

设定雷达抗电磁干扰能力 D,通过与电磁环境作用对雷达探测距离产生影响,组网雷达探测能力随之发生了改变,如图 5-2 所示。

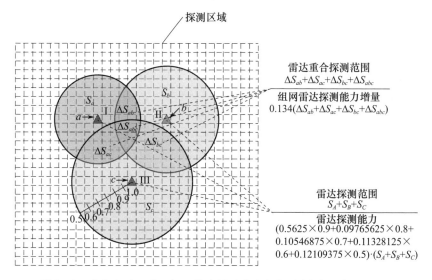

图 5-2 复杂电磁环境下组网雷达探测能力分析图(彩色版本见彩插)

图 5-2 中,3 部同一型号雷达 Ⅰ、Ⅱ、Ⅲ所处电磁环境单元格 a、b、c 中。在不同的电磁干扰强度下,设雷达 Ⅰ受 a 影响后的最大探测半径为 5 个单元格,雷达 Ⅱ受 b 影响后的最大探测半径为 6 个单元格,雷达 Ⅲ未受 c 影响,最大探测半

径仍为 7 个单元格。图 5 – 2 中雷达探测范围 $S = 344$，雷达重合探测范围 $\Delta S = 52$，则受电磁环境干扰后组网雷达探测能力 $E = 270.63125 + 6.968 = 277.59925$。将受到电磁环境影响的组网雷达探测能力与未受电磁环境干扰时的探测能力进行比值，即 $\mu = 277.59925/381.048375 = 0.7285$，可知组网雷达探测能力下降了 27.15%。

5.2.2 仿真设定与实现

由于作战需求和地理环境限制，并不是战场所有单元格都适合部署雷达，因此需要对适合部署雷达的单元格进行甄别。本模型通过颜色来区分各类单元格，具体规则如下：

（1）图中亮区单元格表示可布设雷达，雷达只能在亮区内组网。

（2）不同的亮度代表单元格内不同的电磁干扰强度，亮度越强表示电磁干扰强度越大。

（3）图中三角形图标代表雷达，亮度表示雷达抗电磁干扰能力，亮度越强表示抗电磁干扰能力越强。将两者的值输入复杂电磁环境下雷达作用距离模型，即可输出对抗下的雷达作用距离。

设雷达为全向扫描，部署 4 部抗电磁干扰能力相同的雷达进行组网，实现对战场空域的警戒，雷达未受干扰的情况下最大探测距离为 15 个单元格。仿真过程中做以下假设：

（1）雷达在不同方向上受复杂电磁环境干扰是均匀的，即雷达被电磁环境干扰后，在探测方向上的输出相同。

（2）战场是有界的，对边界外的信息不予关注。

设复杂电磁环境下某型雷达探测距离云数字特征参数如附录 B 表 B – 2 所列，3 组雷达组网方案如表 5 – 1 所列，仿真与评估流程如图 5 – 3 所示，仿真运行界面如图 5 – 4 所示。

表 5 – 1　雷达战场坐标及电磁环境干扰值表

	雷达 I			雷达 II			雷达 III			雷达 IV		
抗干扰强度	0.7655											
	坐标		干扰强度	坐标		干扰强度	坐标		干扰强度	坐标		干扰强度
	x	y		x	y		x	y		x	y	
方案 1	2	25	0.6922	– 13	10	0.4238	2	– 6	0.2543	18	10	0.5206
方案 2	– 22	22	0.5699	– 13	8	0.6024	2	– 6	0.2543	18	– 10	0.2156
方案 3	– 22	22	0.5699	– 8	– 15	0.3058	18	18	0.6610	– 4	5	0.5330

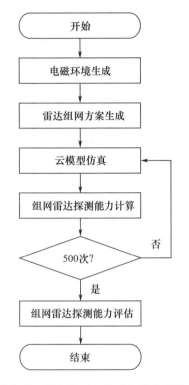

图 5 - 3　复杂电磁环境下组网雷达探测
能力仿真与评估流程图

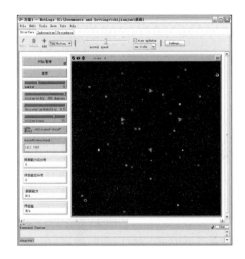

图 5 - 4　NetLogo 仿真运行界面图
（彩色版本见彩插）

5.2.3　仿真结果分析

将三组雷达组网方案参数输入仿真例程,如图 5 - 5 ~ 图 5 - 7 所示,雷达组成了菱形、线性、三角形三种组网方式。雷达在复杂电磁环境干扰下探测能力受到了不同程度的影响或制约,造成三组方案组网探测能力也出现不同程度的下降。通过 500 次仿真计算,三组组网方式下雷达的探测能力和评估值如表 5 - 2 所列,输出结果如图 5 - 8 和图 5 - 9 所示。

表 5 - 2　组网雷达探测能力仿真与评估输出结果

方案	探测能力		评估值
	未干扰	干扰	
方案 1	1921. 7457	570. 5351	0. 2969
方案 2	1817. 3107	819. 0441	0. 4507
方案 3	1708. 2128	656. 0579	0. 3841

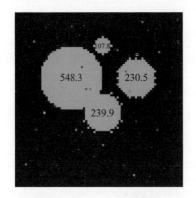

图 5-5 方案 1 输出视图

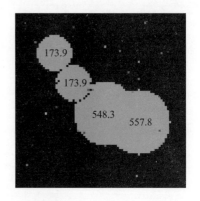

图 5-6 方案 2 输出视图

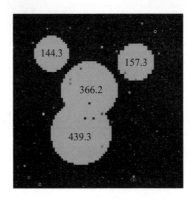

图 5-7 方案 3 输出视图

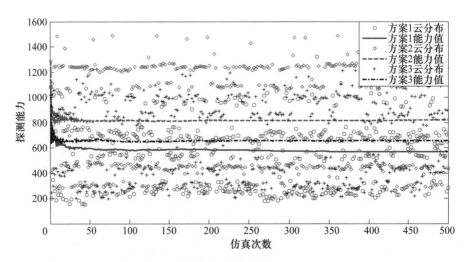

图 5-8 复杂电磁环境下组网雷达探测能力仿真输出结果(彩色版本见彩插)

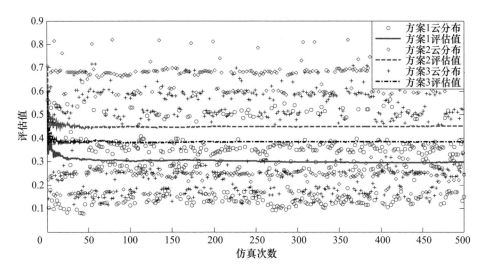

图 5-9   复杂电磁环境下组网雷达探测能力仿真与评估结果(彩色版本见彩插)

综合战场电磁环境分布特点、雷达抗电磁干扰能力和组网方式等因素,通过仿真结果可以看到:复杂电磁环境下方案 2 中组网雷达探测能力要高于方案 1 与方案 3,方案 2 比方案 1 抗电磁干扰能力高出了 15.38%。通过仿真与评估可以看到:复杂电磁环境对组网雷达探测能力的影响是非常明显的,其中方案 1 下降了 70.31%。针对战场电磁环境特点,将雷达部署在电磁干扰强度相对较低的作战环境中,结合合理优化的组网方式,可以有效地提高复杂电磁环境下组网雷达探测能力。

仿真结果表明:战场电磁环境态势是影响组网雷达探测能力的一项重要因素,通过对战场电磁环境分布情况的掌控,改变组网方式,可以有效提高组网雷达的探测能力。因此,只有充分认知组网雷达面临的战场电磁环境,采取相应的战术战法和管控措施,设法消减复杂电磁环境造成的不利影响,才能最大限度地发挥组网雷达在复杂电磁环境下的探测能力。

5.3   复杂电磁环境下组网雷达目标定位、识别与跟踪能力仿真与评估

根据组网雷达的用途以及对战场电磁环境的分析,设计仿真想定及环境条件,运用构建的模型对复杂电磁环境下组网雷达目标定位、识别与跟踪能力进行仿真与评估。

5.3.1 仿真设定

蓝方 1 架隐身战斗机欲对红方机场进行低空突袭,并有 1 架空中干扰机进行支援干扰。蓝方战斗机从机场正东方以 100m 高度,飞行速度马赫数 1.5 进行突防,航线与机场跑道成 90°夹角。战斗机飞临机场上空完成突袭任务。

为实现对蓝方战斗机突袭的预警,现将 3 部探测距离为 150km 的同型号警戒雷达、1 部探测距离为 200km 的补盲雷达和 1 部探测距离为 550km 的机载预警雷达进行组网。将 3 部警戒雷达在机场周围进行正三角形部署,在距警戒雷达前沿 40km 处部署 1 部低空补盲雷达,在高度 20km,距来袭蓝方战斗机航线 40.3km 平行航线处部署机载预警雷达 1 部,如图 5 – 10 所示。

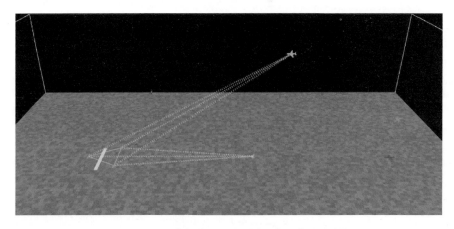

图 5 – 10   仿真想定初始视图(彩色版本见彩插)

(1) 设警戒雷达天线高度为 16m,补盲雷达天线高度为 25m,不考虑地形起伏,蓝方战斗机高度 100m,根据下式可求得警戒雷达视距为 57.68km,补盲雷达视距为 61.8km:

$$R = 4.12(\sqrt{h} + \sqrt{H}) \tag{5-3}$$

式中 R——雷达视距(km);

h——雷达天线高度(m);

H——目标飞行高度(m)。

(2) 为分析复杂电磁环境对组网雷达融合概率影响变化,对式(3-2)改进如下:

$$P_d = \begin{cases} 1, & R \leq \dfrac{11}{21}R_0 \\ -\dfrac{21}{10R_0}R + \dfrac{21}{10}, & \dfrac{11}{21}R_0 < R \leq R_0 \\ 0, & R > R_0 \end{cases} \tag{5-4}$$

（3）设警戒雷达通过通信光缆向融合中心传输数据,数据传输过程中不受电磁环境影响;机载预警雷达、补盲雷达通过无线方式向融合中心传输数据,通信过程中受电磁环境干扰影响。

通过层次分析法对警戒雷达、补盲雷达和机载预警雷达在组网雷达中的重要度进行权重分配,设分配值如表5-3所列。

表5-3　雷达种类权重分配

雷达种类	警戒雷达	补盲雷达	空中预警雷达
权重值	0.25	0.30	0.45

则组网雷达中各部雷达权重值如表5-4所列。

表5-4　雷达权重值

雷达种类	警戒雷达Ⅰ	警戒雷达Ⅱ	警戒雷达Ⅲ	补盲雷达	空中预警雷达
权重值	0.2222	0.2222	0.2222	0.1667	0.1667

因为警戒雷达数据传输不受电磁环境影响,所以设警戒雷达数据通信能力为1。因此,复杂电磁环境对网内各部雷达数据通信的影响因子为

$$E_1 = 1, E_2 = 1, E_3 = 1, E_4 = e_{bm}^{0.1667}, E_5 = e_{yj}^{0.1667} \tag{5-5}$$

式中　e_{bm}——补盲雷达数据通信能力;

　　　e_{yj}——机载预警雷达数据通信能力;

　　　E_1——复杂电磁环境对警戒雷达Ⅰ数据通信的影响因子;

　　　E_2——复杂电磁环境对警戒雷达Ⅱ数据通信的影响因子;

　　　E_3——复杂电磁环境对警戒雷达Ⅲ数据通信的影响因子;

　　　E_4——复杂电磁环境对补盲雷达数据通信的影响因子;

　　　E_5——复杂电磁环境对空中预警雷达数据通信的影响因子。

复杂电磁环境下组网雷达探测能力与通信能力融合后发现目标有效概率值为

$$P_{总} = 1 - \prod(1 - E_i P_{di}), \quad i = 1,2,3,4,5 \tag{5-6}$$

可以根据4.2.2节中的知识,利用云规则生成器对复杂电磁环境下雷达数据通信能力进行推理或预测。根据信息分布特点和聚类归纳结果,列出9条关于电磁干扰强度 P 和雷达抗电磁干扰能力 D 共同作用决定的复杂电磁环境下雷达数据通信能力之间的定性规则,这9条规则与表B-3所列对应,规则具体内容见附录B。复杂电磁环境雷达数据通信能力云数字特

征如表 B – 4 所列。通过式(5 – 6)即可计算得到组网雷达发现目标融合概率值。

(4) 随着隐身技术的发展,隐身飞机的 RCS 已经减小了 3 个数量级,可以使传统雷达的探测距离缩短近 82.22% [1]。为便于仿真计算,设雷达对隐身飞机的探测能力下降至原有能力的 17.78% ,并设组网雷达发现目标概率大于 0.7 时,即可正确识别目标。

(5) 根据 4.2.2 节中的知识,可以利用云规则生成器对复杂电磁环境下雷达探测目标方位角 φ 误差和俯仰角 ε 误差进行推理或预测。同样,根据信息分布特点和聚类归纳结果,列出 9 条关于电磁干扰强度 P 和雷达抗电磁干扰能力 D 共同作用决定的复杂电磁环境下雷达探测目标方位角 φ 误差和俯仰角 ε 误差之间的定性规则,这 9 条规则见表 B – 5,复杂电磁环境下雷达云数字特征见表 B – 6。

5.3.2　仿真实现

利用 NetLogo 3D 仿真平台,通过组网雷达相应模型算法,实现对复杂电磁环境下组网雷达目标定位、识别与跟踪能力的仿真与评估。具体内容如下:

(1) 设置模型 world 为 $141 \times 81 \times 41$ 个单元,1 个单元单位代表 1km,在 $z = -10$ 处绿色平面为战场二维环境,战场亮度代表不同的电磁干扰强度,亮度越强表示干扰强度越强。

(2) 在战场平面上的红色图标代表雷达,雷达亮度表示抗电磁干扰能力,亮度越强表示抗干扰能力越强。

(3) 组网雷达网内通信方式如图 5 – 11 所示,实线代表光缆传输,虚线代表无线传输。

(4) 图 5 – 11 中蓝色图标代表蓝方战斗机,位于(50, – 10, – 9.9),以 510m/s 速度由东向西方向匀速飞行;灰色图标代表预警机,位于(25,25,10),以 150m/s 速度由东向西方向匀速飞行;橙色图标代表干扰机,位于(50, – 10,2),以 215m/s 速度在 $y = -5$ 与 $y = -15$ 之间南北方向匀速往复飞行,设干扰机在飞行过程中对干扰目标的干扰强度不变。

(5) 红色雷达波表示目标在雷达探测距离之外,黄色雷达波表示目标在雷达探测距离之内,白色雷达波代表干扰机对雷达进行干扰。

(6) 设敌机飞临机场上空(坐标(35, – 10, – 9.9))时仿真结束。

仿真视场如图 5 – 11 所示,仿真与评估流程如图 5 – 12 所示,各项参数如表 5 –5 和表 5 – 6 所列。

表 5-5   敌机参数

作战飞机种类	坐标						航向/(°)	航速/(m/s)
	起点			终点/折返点				
	x	y	z	x	y	z		
战斗机	50	-10	-9.9	-35	-10	9.9	270	510
干扰机	50	-10	2	50	-5	2	180	215
				50	-15	2	0	

表 5-6   组网雷达参数

雷达种类		警戒雷达			补盲雷达	机载预警雷达	
		I	II	III		起点	终点
坐标	x	-38.67	-30	-30	10	25	0
	y	-10	-5	-15	-10	25	25
	z	-10	-10	-10	-10	10	10
探测距离/km		100			150	550	
抗干扰能力		0.6255200444			0.750567307	0.875087300	
电磁干扰强度		0.375020413	0.500509035	0.500534289	0.625747354	0.625144483	
方位角 φ 定位误差标准差/rad		0.055			0.056	0.054	
俯仰角 ε 定位误差标准差/rad		0.023			0.022	0.019	
探测距离 r 定位误差标准差/m		120			102	95	
航向/(°)		—			—	270	
航速/(m/s)		—			—	150	

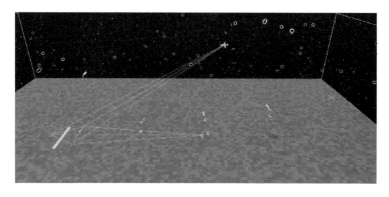

图 5-11   仿真视场视图(彩色版本见彩插)

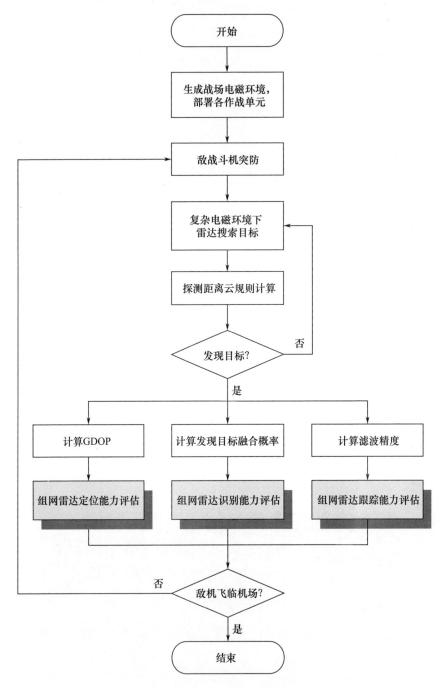

图 5-12 复杂电磁环境下组网雷达定位识别与跟踪能力仿真与评估流程图

5.3.3　仿真结果分析

为了能够更清楚地分析评估组网雷达目标定位、识别与跟踪能力,图 5 - 13 和图 5 - 14 列出了组网雷达在有、无电磁环境干扰情况下发现低空隐身目标的融合概率。

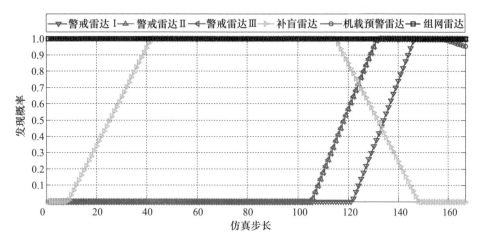

图 5 - 13　未受复杂电磁环境干扰情况下组网雷达
发现目标融合概率仿真结果(彩色版本见彩插)

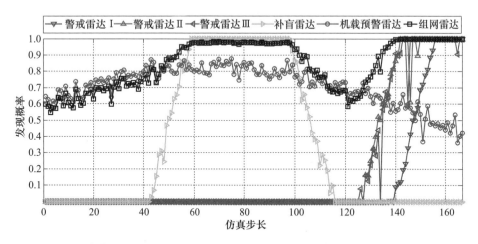

图 5 - 14　复杂电磁环境下组网雷达发现目标融合概率仿真结果(彩色版本见彩插)

(1) 通过对组网雷达 GDOP 的仿真,实现对复杂电磁环境下组网雷达目标定位能力的评估,得到 GDOP 值和评估结果如图 5 - 15 和图 5 - 16 所示。

结合图 5 - 13 和图 5 - 15 中可以看到:组网雷达在未受电磁环境干扰情况

下,仿真开始阶段组网雷达中只有空中预警雷达能够发现目标,GDOP 值在
2.4km 左右;当进入补盲雷达视距后,GDOP 降至 160m 左右;进入警戒雷达网
后,在多部雷达共同作用下,GDOP 维持在 110m 左右。由此可以说明,组网雷达
内多部雷达对目标同时定位,可以明显改善单部雷达定位效果,显著提高对目标
的定位能力。

结合图 5 - 14 和图 5 - 15 中可以看到:当组网雷达受到复杂电磁环境干扰
影响后,网内雷达探测距离缩短,在仿真开始阶段和中后段只有机载预警雷达单
独定位时 GDOP 值较大;同时,由于受复杂电磁环境的影响和制约,雷达定位误
差增大,较未受电磁环境干扰情况下,空中预警雷达单独定位时 GDOP 增加 1km
左右,网内多部雷达同时定位时 GDOP 增加 50 ~ 80m。

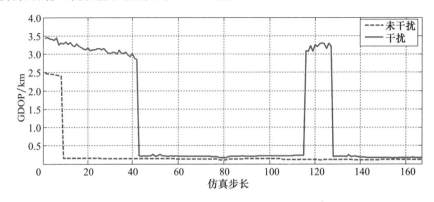

图 5 - 15　复杂电磁环境下组网雷达 GDOP 输出结果

图 5 - 16 显示了复杂电磁环境下组网雷达 GDOP 仿真评估值。仿真结果表
明:复杂电磁环境对组网雷达定位能力影响较大,电磁环境干扰后比未干扰情况
下,GDOP 最大增加了 28 倍多;同时也可以看到当多部雷达同时定位时,受电磁
干扰后 GDOP 变化不大,基本保持在未干扰时的 1. 4 ~ 1. 8 倍之间。所以,增加
探测目标的雷达数量是提高复杂电磁环境下雷达定位能力的主要途径。

（2）通过对组网雷达识别精度的仿真,实现对复杂电磁环境下组网雷达识
别能力的评估,得到识别精度值和评估结果如图 5 - 17 和图 5 - 18 所示。

结合图 5 - 13 和图 5 - 17 中可以看到:在未受复杂电磁环境干扰情况下,仿
真过程中组网雷达发现目标融合概率为 1;根据书中设定的正确识别目标规则,
组网雷达此时的识别精度为 1。

结合图 5 - 14 和图 5 - 17 可知:由于受复杂电磁环境干扰影响,整个仿真过
程中组网雷达发现目标融合概率在 0. 58 ~ 1. 00 之间波动,受此影响组网雷达识
别精度降幅较大,最终值为 0. 58。

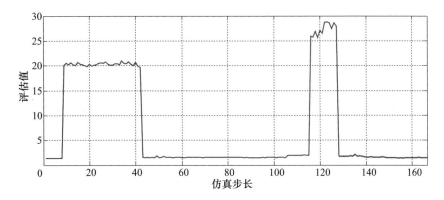

图 5 - 16　复杂电磁环境下组网雷达 GDOP 仿真评估结果

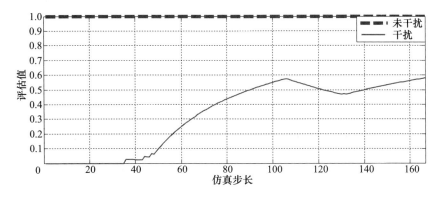

图 5 - 17　复杂电磁环境下组网雷达识别精度输出结果

通过图 5 - 18 中复杂电磁环境下组网雷达识别精度仿真与评估结果可以看到,复杂电磁环境对组网雷达识别能力影响很大,在整个仿真过程中都处于较低值。电磁环境造成的雷达探测能力降低是识别能力较低的主要因素;同时,识别阈值较高也是其中一项重要原因,如果能通过改善目标识别的技术手段及方法来降低识别阈值,则相应地也能够提高目标识别能力。

(3)通过对组网雷达目标航迹滤波精度的仿真,实现对复杂电磁环境下组网雷达跟踪能力的评估,得到目标航迹滤波精度值和评估结果如图 5 - 19 和图 5 - 20所示。

目标航迹滤波精度是融合航迹与真实航迹的标准差值,结合图 5 - 13 和图 5 - 19中可以看到:仿真开始阶段由于只有空中预警雷达能够发现目标,在 x、y、z 方向上的滤波精度值 E_x、E_y、E_z 维持在较高水平,所以目标航迹滤波精度值 E 较高;当目标进入补盲雷达视距后,在 2 部雷达共同作用下,滤波精度值随之

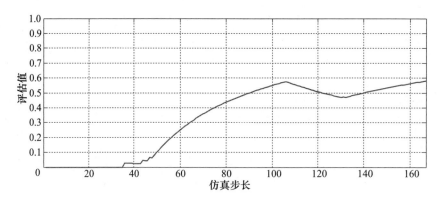

图 5 – 18　复杂电磁环境下组网雷达识别精度仿真与评估结果

降低;仿真中后段进入了警戒雷达网视距,在多部雷达共同作用下,滤波精度值保持着下降趋势,仿真结束时 4 组滤波精度值达到了最小值,从而证明了组网雷达对敌目标有着较强的跟踪能力。

结合图 5 – 14 和图 5 – 19 中可以看到:复杂电磁环境下组网雷达滤波精度值 E_x、E_y、E_z、E 明显增大。造成这一现象有两个原因:一是复杂电磁环境缩短了雷达探测距离,空中预警雷达单独跟踪目标时间增长,多部雷达同时跟踪目标时间缩短,从而滤波精度值较高,图 5 – 19 中仿真步长 120 ~ 127,受干扰情况下的滤波精度值很好地说明了这一点,仿真步长 120 之前组网雷达中的空中预警雷达和补盲雷达共同跟踪目标,滤波精度呈下降趋势,在仿真步长 120 ~ 127,目标脱离补盲雷达探测范围,滤波精度随之增加,仿真步长 127 后,目标进入了警戒雷达探测范围,滤波精度再次呈下降趋势;二是复杂电磁环境增大了雷达定位误差,致使融合航迹对目标真实航迹偏离度增大,导致滤波精度值相应增大。

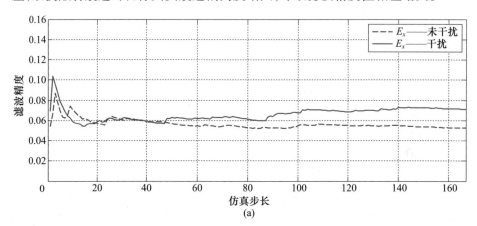

(a)

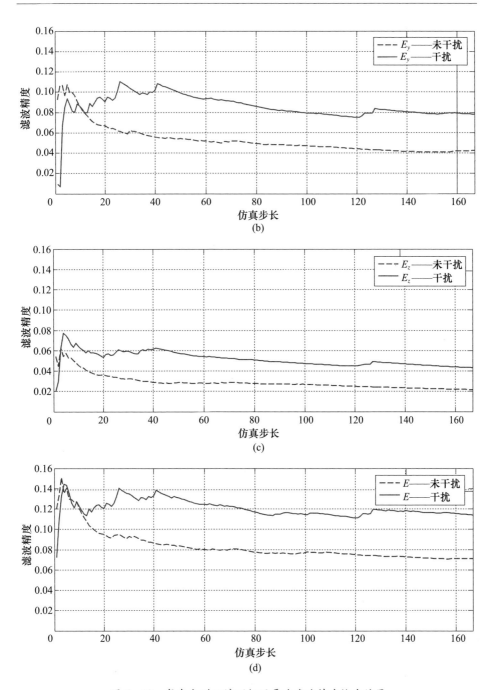

图 5-19　复杂电磁环境下组网雷达滤波精度输出结果

通过图 5-20 中复杂电磁环境下组网雷达滤波精度仿真与评估结果可以看到：在 x 方向滤波精度相对影响较小，E_x 值增加了 35%；在 y、z 方向影响较大，滤波精度 E_y、E_z 值分别增加了 84% 和 99%；综合三个方向影响结果，复杂电磁环境下组网雷达跟踪目标滤波精度 E 增加了 60%，由此可见复杂电磁环境对组网雷达跟踪能力影响较大。

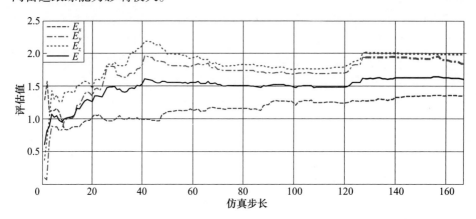

图 5-20　复杂电磁环境下组网雷达滤波精度仿真与评估结果（彩色版本见彩插）

5.4　复杂电磁环境下组网雷达"四抗"能力仿真与评估

对组网雷达而言，真正的威胁是有源（噪声）压制干扰，所以本节以复杂电磁环境下雷达探测能力评估模型为基础，结合复杂电磁环境下组网雷达数据融合模型，通过 MAS 仿真模型对复杂电磁环境下组网雷达"四抗"能力进行仿真与评估。

5.4.1　仿真设定

基于 5.2.1 节中想定增加以下想定内容：

（1）因为空中机载预警雷达探测区域已覆盖了地面雷达探测距地面高度 100m 的空中范围，所以在组网雷达抗干扰能力评估中，可以认为机载预警雷达的探测区和暴露区即为组网雷达的合成探测区和干扰暴露区，则组网雷达干扰压制比为

$$J = \frac{S_{B_{yj}}}{S_{A_{yj}}} = \frac{(\alpha R_0)^2 - h_t^2}{R_0^2 - h_t^2} \tag{5-7}$$

式中　R_0——雷达发现目标概率为 0 时的探测距离；

　　　h_t——机载预警机高度；

　　　α——复杂电磁环境下雷达探测能力。

因为 $R_0{}^2 >> h_t{}^2$，所以式（5 - 7）可简化为

$$J \approx \alpha^2 \tag{5 - 8}$$

（2）设网内各雷达检测概率 $P_d = 0.5$，组网雷达发现目标的雷达数检测阈值 $K = 1$，即只要有 1 部雷达发现目标概率大于或等于 0.5，即可判定组网雷达发现低空隐身目标。

（3）设 ARM 速度为马赫数 4，有效杀伤半径为 50m，测角误差服从正态分布 $N(0,0.003)$（单位为 rad），敌战斗机在距每部雷达 20.4km 处各发射 1 枚 ARM 对雷达实施攻击。由于地面雷达间距较大，无法形成多点源诱偏，因此通过单部雷达抗 ARM 毁伤概率来评估组网雷达抗 ARM 摧毁能力。

由于受电磁环境影响，反辐射导弹测角误差会增大，利用云规则生成器对复杂电磁环境下 ARM 测角误差 a_w 进行推理或预测。根据信息分布特点和聚类归纳结果，列出 9 条关于电磁干扰强度 P 和雷达抗电磁干扰能力 D 共同作用决定的复杂电磁环境下 ARM 测角误差 a_w 之间的定性规则，这 9 条规则与表 B - 7 所列对应，复杂电磁环境下 ARM 测角误差标准差云数字特征如表 B - 8 所列，具体内容见附录 B。则 ARM 对雷达的毁伤概率为

$$P_h = 1 - 0.5^{\frac{50}{20.4 \times 10^3 \times a_w}} \tag{5 - 9}$$

由于 ARM 无法攻击机载预警雷达，因此只讨论地面雷达的抗 ARM 能力。因为雷达间距远远大于 ARM 有效杀伤半径，所以组网雷达的抗 ARM 摧毁概率，即生存概率为

$$P_s = 1 - \prod_{i=1}^{4} \left(1 - 0.5^{\frac{50}{20.4 \times 10^3 \times a_{wi}}}\right) \tag{5 - 10}$$

式中：a_{w1}、a_{w2}、a_{w3}、a_{w4} 分别为 4 枚导弹的测角误差值。

（4）当 ARM 对雷达的毁伤概率大于 0.5 时，即认为雷达失效，发现目标概率为 0。

5.4.2　仿真实现

在 5.2.2 节中规则的基础上增加以下内容：

（1）如图 5 - 21 所示，红色三角形图标代表 ARM，在距地面雷达 20.4km 处发射 ARM，ARM 到达雷达所处位置后速度为 0，通过计算每部雷达遭受 1000 次 ARM 攻击后生存概率的均值，评估雷达以及地面雷达网的抗 ARM 摧毁能力。

（2）组网雷达抗隐身能力和抗低空突防能力，统一使用融合发现概率指标进行评估。

（3）为了详细分析评估复杂电磁环境对组网雷达"四抗"能力的影响，在敌机未采取隐身，且组网雷达未受 ARM 攻击条件下，评估复杂电磁环境下组网雷

达抗低空突防能力;在敌机采取隐身,且组网雷达未受 ARM 攻击条件下评估复杂电磁环境下组网雷达抗隐身能力;在敌机采取隐身,且组网雷达网内各部地面雷达受 1 次 ARM 攻击条件下评估复杂电磁环境下组网雷达"四抗"综合能力。

仿真过程中各项参数如表 5 - 5 和表 5 - 6 所列,仿真视场如图 5 - 21 所示,仿真与评估流程如图 5 - 22 所示。

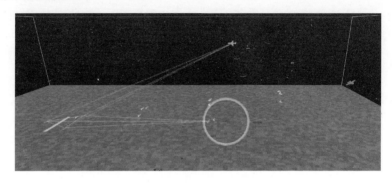

图 5 - 21　复杂电磁环境下组网雷达"四抗"能力仿真视场视图(彩色版本见彩插)

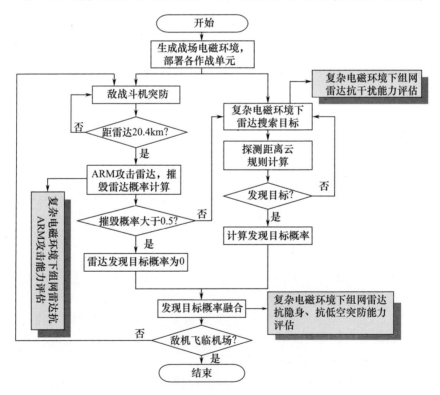

图 5 - 22　复杂电磁环境下组网雷达"四抗"能力仿真与评估流程图

5.4.3　仿真结果分析

（1）组网雷达抗干扰能力输出结果如图 5 - 23 所示,组网雷达在受电磁环境干扰后,干扰压制比为 0.40 ~ 0.54。由干扰压制比定义可知,以机载预警雷达为主的组网雷达探测范围,探测面积缩小了 46% 以上。由于探测距离的缩短,造成组网雷达自卫距离大幅缩短,预警时间也相应变短。

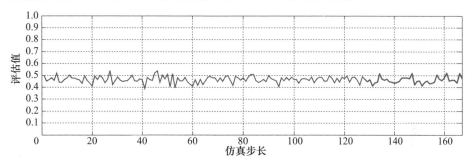

图 5 - 23　复杂电磁环境下组网雷达抗干扰能力仿真与评估结果

由于地面雷达在探测低空目标受视距限制的原因,空中预警雷达在组网雷达中的作用更为重要,其发现低空隐身目标的效果非常明显。因此,在针对空中预警雷达有效的电磁攻击中,会导致整个组网雷达的探测能力大大降低,所以提高空中预警雷达探测距离、加强其抗干扰能力,是提高组网雷达探测面积、增强组网雷达抗干扰能力的有效途径。

（2）在敌机未隐身,且地面雷达未受 ARM 攻击的条件下,通过对组网雷达发现低空目标概率的仿真,实现对复杂电磁环境下组网雷达抗低空突防能力的评估,得到发现目标概率值和评估结果如图 5 - 24 和图 5 - 25 所示。

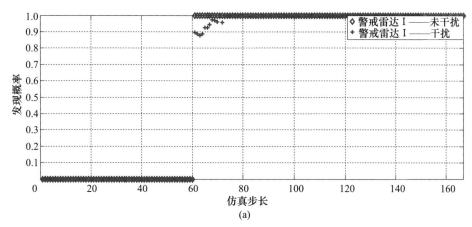

(a)

105

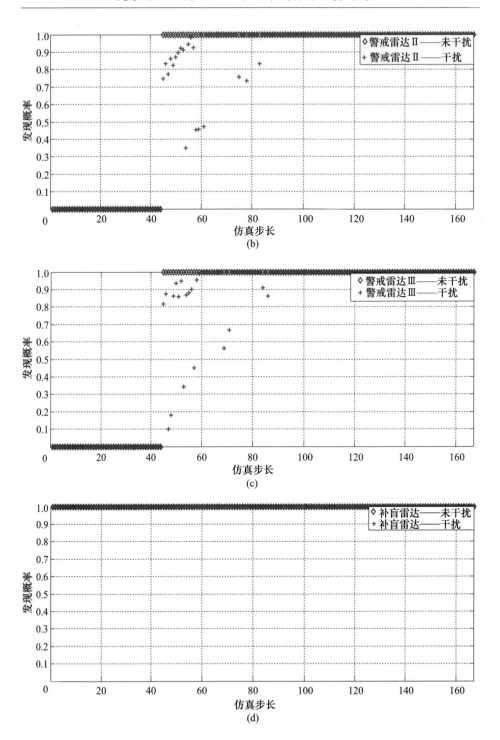

(b)

(c)

(d)

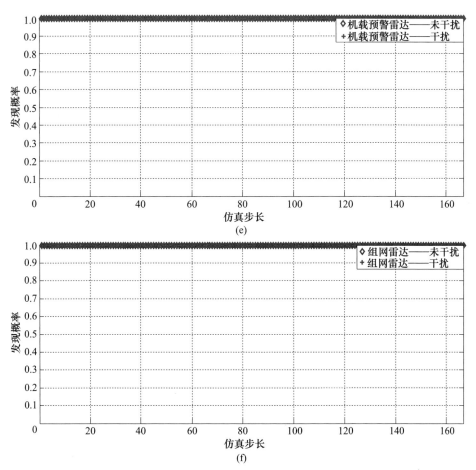

图 5-24　复杂电磁环境下组网雷达抗低空突防能力输出结果(彩色版本见彩插)

通过图 5-24 和图 5-25 可以看到,雷达在未受攻击和敌机未采取隐身的情况下,组网雷达受电磁环境干扰有限,对抗低空突防能力影响不大。主要有三个原因:一是补盲雷达弥补了警戒雷达网受雷达视距限制的不足;二是机载预警雷达的绝对高度使低空目标失去了优势;三是复杂电磁环境对雷达探测能力影响有限,没有达到致盲的效果,在近距离内发现目标的概率较高,从而保证了组网雷达的整体探测能力。因此,多种不同功能雷达进行合理的组网后,可以有效抑制复杂电磁环境对组网雷达抗低空突防能力的不利影响。

(3)在地面雷达未受 ARM 攻击的条件下,通过对组网雷达发现低空隐身目标概率的仿真,实现对复杂电磁环境下组网雷达抗隐身能力的评估,得到发现目标概率值和评估结果如图 5-26 和图 5-27 所示。

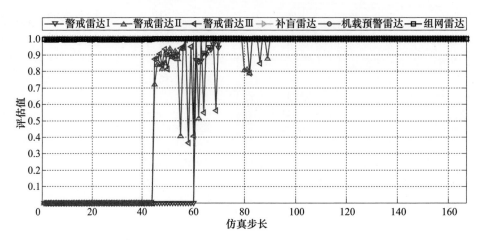

图 5-25　复杂电磁环境下组网雷达抗低空突防能力仿真与评估结果(彩色版本见彩插)

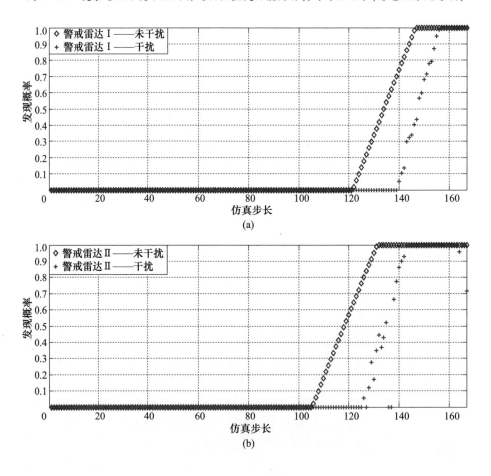

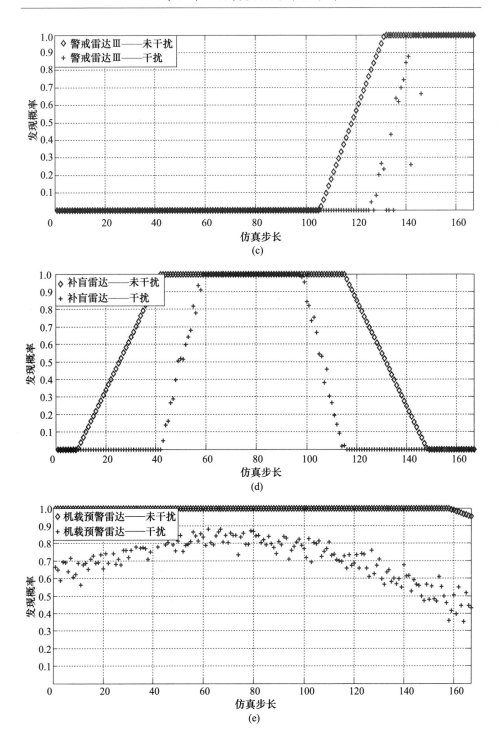

(c)

(d)

(e)

109

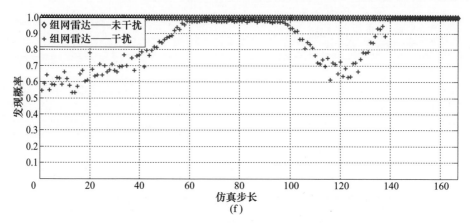

图5-26　复杂电磁环境下组网雷达抗隐身能力输出结果(彩色版本见彩插)

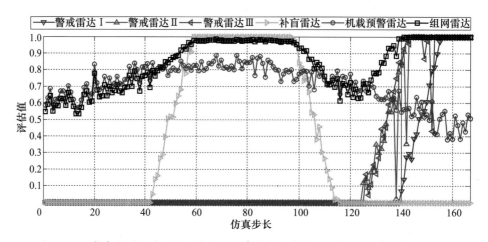

图5-27　复杂电磁环境下组网雷达抗隐身能力仿真与评估结果(彩色版本见彩插)

　　由图5-26可以看出:组网雷达受目标隐身性能影响较为明显。对于未采取隐身的目标,组网雷达在其视距范围内发现目标的概率基本为1;目标采取隐身措施后,由于大大降低了雷达发现目标的距离,即使是组网雷达,探测目标的能力也会大幅下降,对单部雷达而言更为严重。此时,组网雷达探测能力受复杂电磁环境影响的问题凸显出来。其中,复杂电磁环境使警戒雷达探测距离缩短了40%,补盲雷达缩短了50%以上,而机载预警雷达由于与敌目标距离间的变化,受电磁环境干扰后,导致在不同区段发现目标概率下降了10%~60%。

　　通过图5-27中的评估值,能够分析复杂电磁环境下组网雷达探测低空隐身目标时抗隐身能力变化的基本情况,可以看到:空中预警雷达在组网雷达中发挥主要作用,构成了组网雷达抗隐身能力的基础。随着目标逐渐进入补盲雷达探测范围,组网雷达融合概率得到提升,恢复到未受电磁干扰前的水平;当目标脱离补盲雷达探测范围,组网雷达抗隐身能力又遭到削弱,进入警戒雷达探测范围后,组网雷达抗隐身能力重新得到加强。

(4) 通过 1000 次 ARM 攻击雷达仿真试验,计算得到地面各部雷达及地面雷达网生存能力如图 5 - 28 所示,复杂电磁环境对雷达及组网雷达生存能力影响评估结果如图 5 - 29 所示。

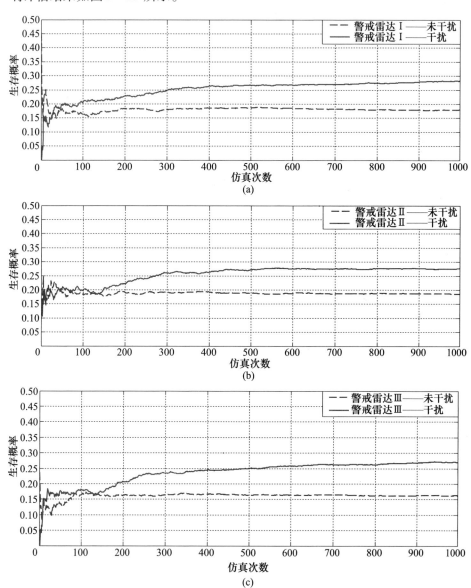

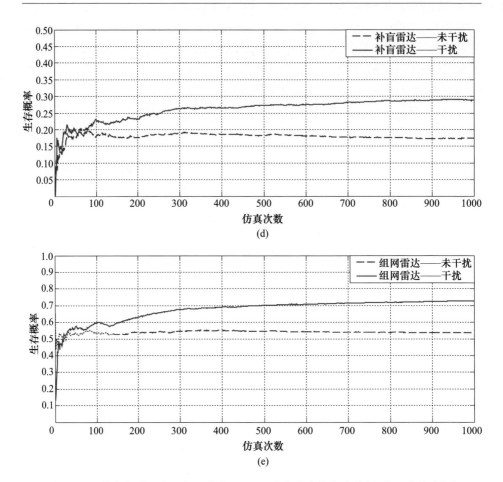

(d)

(e)

图 5 – 28　复杂电磁环境下组网雷达抗 ARM 攻击能力输出结果(彩色版本见彩插)

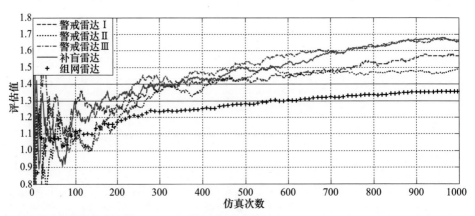

图 5 – 29　复杂电磁环境下组网雷达抗 ARM 攻击能力仿真与评估结果(彩色版本见彩插)

由图 5－28 可知:未受电磁环境干扰影响下警戒雷达和补盲雷达受 ARM 攻击后的生存概率为 0.16～0.19,波动不大;在复杂电磁环境下 ARM 攻击后的生存概率为 0.27～0.29,相对比较集中,地面雷达网生存概率从未受干扰前的 0.54 提高到复杂电磁环境下的 0.73。从图 5－29 中可以看到,复杂电磁环境对 ARM 干扰后,雷达的生存能力提高了 50%～70%,地面雷达网的生存能力提高了 36%。通过对仿真结果分析,能够得到:ARM 攻击单部雷达,其摧毁概率很高,采取电子干扰手段会提高雷达生存能力,但效果并不理想。所以,在抗 ARM 攻击中,直接对 ARM 进行电子攻击并不是首选,而在雷达附近增加诱偏干扰源对 ARM 进行诱偏则是有效的选择。

（5）地面雷达在 ARM 攻击条件下,通过对组网雷达发现低空隐身目标概率的仿真,实现对复杂电磁环境下组网雷达"四抗"综合能力的评估,得到发现目标概率值和评估结果如图 5－30 和图 5－31 所示。

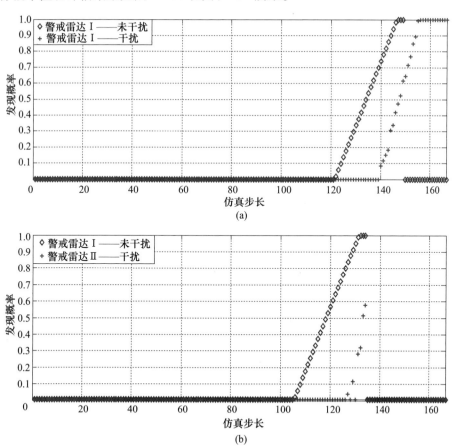

(a)

(b)

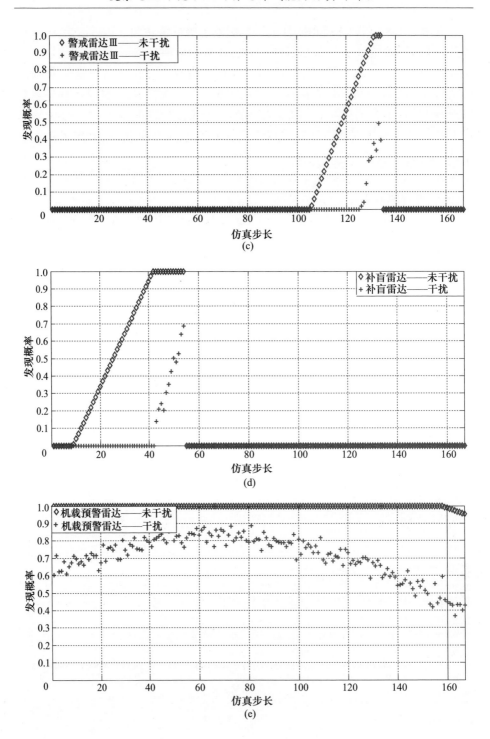

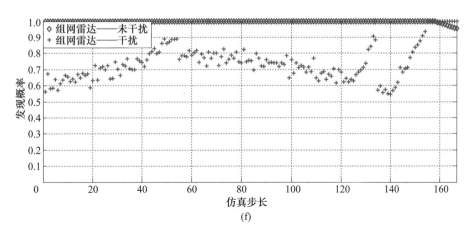

图 5 - 30　复杂电磁环境下组网雷达"四抗"综合能力输出结果(彩色版本见彩插)

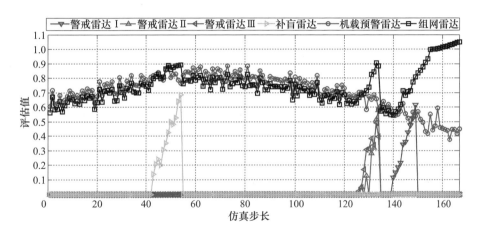

图 5 - 31　复杂电磁环境下组网雷达"四抗"综合能力仿真与评估结果(彩色版本见彩插)

从图 5 - 30 中可以看到,目标采取隐身并使用 ARM 攻击雷达后,组网雷达"四抗"综合能力受到了较大的影响。与图 5 - 31 相比,ARM 对雷达实施攻击后,由于补盲雷达被摧毁,组网雷达发现低空隐身目标概率明显降低,而由于警戒雷达 I 未被 ARM 攻击,所以较好地保证了组网雷达在最后阶段发现目标的能力。

图 5 - 31 评估中出现了"翘尾"现象,即组网雷达在电磁环境干扰后比未受干扰情况下发现目标概率更高,出现这一现象主要是因为复杂电磁环境提高了雷达的生存能力。表 5 - 7 中列出了仿真过程中地面雷达遭到 1 次 AMR 随机攻击后雷达的随机生存概率,从表中可以看到受复杂电磁环境干扰后,雷达生存概率得到了较大的提升,从而在一定程度上提高了组网雷达抗摧毁能力,保证了组

115

网雷达作战能力的发挥。

表 5 - 7　地面雷达受 ARM 随机攻击后生存概率

雷达	警戒雷达 I	警戒雷达 II	警戒雷达 III	补盲雷达	地面雷达网
未干扰	0.0000	0.0002	0.1830	0.0007	0.1837
干扰	0.6621	0.4791	0.4886	0.4042	0.9464

由以上分析可得结论:复杂电磁环境对组网雷达探测具有良好隐身能力目标的影响最为明显。对于未采取隐身技术的探测目标,复杂电磁环境对组网雷达的"四抗"能力影响有限;在采取隐身技术的基础上,复杂电磁环境可以有效降低组网雷达发现目标的概率。其中,空中机载预警雷达在组网雷达中发挥作用最大,它在抗干扰、抗敌机低空突防以及抗隐身方面有着明显优势。

综合以上信息可以得到以下启示:

(1)由于现代隐身技术的发展使得隐身目标的雷达有效反射面积呈几何量级缩减,大大降低了雷达发现目标的概率,这比采取电磁对抗的效果更为明显。这是因为现代雷达抗电磁干扰的技战术较为成熟,有效提高了抗电磁干扰能力,若通过电磁对抗来达到隐身的效果,对雷达实施干扰的技术难度和实际成本将会太高,再加上雷达进行组网后能够更好地弥补单部雷达的不足,组网雷达的抗电磁干扰能力显著加强。所以对于攻击方而言,提高隐身能力要优于进行电子对抗。

(2)从复杂电磁环境对组网雷达"四抗"综合能力影响评估中可以看到,复杂电磁环境对组网雷达探测隐身目标能力影响最为显著。而空中预警雷达是对低空隐身目标的最大威胁。在复杂电磁环境中,空中预警雷达对组网雷达发现低空隐身目标的贡献概率在0.3以上。若没有空中预警雷达支援,对于低空隐身目标,复杂电磁环境可使组网雷达形成大量盲区,严重制约组网雷达"四抗"能力的发挥。

(3)从仿真结果来看,ARM 对配置齐全、组网合理的雷达网中单部雷达进行攻击后,对组网雷达整体探测能力影响不大,由此可见组网雷达在对抗反辐射攻击中的优势。

(4)从复杂电磁环境对 ARM 攻击雷达结果来看,应辩证地认识电磁环境复杂性,努力消除电磁环境对己方的不利影响,并增加敌方的电磁环境复杂性,这样有助于创建更有利于己方的战场环境,保证武器装备作战能力的有效发挥,作战行动顺利有序的展开。

第6章 总结与展望

本书立足对战场电磁环境复杂性内涵的揭示,针对如何开展复杂电磁环境下组网雷达作战能力仿真与评估这个典型问题,探索了复杂电磁环境下组网雷达作战运用的主要问题,构建了涵盖探测能力、定位能力、目标识别能力、跟踪能力、"四抗"能力的组网雷达作战能力指标体系,建立了基于 MAS 的组网雷达作战能力仿真模型、基于云模型的复杂电磁环境下雷达探测能力评估模型、基于加权网络的复杂电磁环境下组网雷达融合概率模型,仿真分析了组网雷达受复杂电磁环境干扰后作战能力、影响原因以及应对方法,以期对复杂电磁环境下组网雷达的建设与运用,提供重要的理论探索和应用价值。

6.1 完成的主要工作

完成的主要工作:

(1) 从物理维、认知维、效果维三维角度,对战场电磁环境复杂性内涵进行诠释,对各维度的构成内容进行了分析。对三维之间的相互关系和作用机理进行了描述,揭示了战场电磁环境复杂性的本质所在。给出了战场电磁环境各维复杂度的评估内容和评估方法。

(2) 对复杂电磁环境下组网雷达作战能力进行了分析。立足复杂电磁环境对作战能力影响作用的着力点,遵循指标选取原则,提炼了复杂电磁环境下组网雷达作战能力指标体系,并对各项指标进行了模型构建。

(3) 建立了基于 MAS 的组网雷达作战能力仿真模型。建立了基于云模型的复杂电磁环境下雷达探测能力评估模型,通过电磁环境干扰强度和雷达抗电磁干扰能力二者之间的作用关系,建立了复杂电磁环境下雷达探测能力二维云推理规则,总结了 9 条定性评估规则,构建了二维标准 9 规则的云模型生成器,实现了复杂电磁环境下雷达探测能力的评估。建立了基于加权网络的复杂电磁环境下组网雷达融合概率模型,给出了根据组网关系计算组网雷达中雷达权重分配的方法,综合复杂电磁环境对雷达数据通信的影响,给出了组网雷达融合概率计算方法。

（4）利用 NetLogo 仿真平台,对复杂电磁环境下组网雷达作战能力模型进行了仿真实现。通过构建复杂电磁环境下组网雷达探测能力评估模型,设定仿真想定方案和参数,对复杂电磁环境下三组组网方案下的探测能力进行仿真与评估。设计了由 3 部警戒雷达、1 部低空补盲雷达和 1 部空中预警雷达组成的组网雷达,在敌方 1 架空中干扰机干扰情况下,组网雷达探测敌方 1 架隐身战斗机突防我方警戒网的红蓝对抗想定,设置仿真方案,运用构建的相关指标模型和交互模型对复杂电磁环境下组网雷达目标定位、识别与跟踪能力进行了仿真与评估。在以上想定内容基础上,增加"四抗"想定情况,在敌机有无采取隐身,且组网雷达是否受到 ARM 攻击条件下,对复杂电磁环境下组网雷达"四抗"能力进行了仿真与评估。

6.2　得到的主要结论

主要结论:

（1）复杂电磁环境是随着战争形态和军队建设向信息化转型而出现的,主要是对战场电磁环境而言的,敌我双方的电磁对抗与反对抗是导致战场电磁环境复杂化的核心要素。正是由于现代战场上电磁辐射源及电磁信号高度密集、样式繁多、种类各异,各组成要素之间相互联系、相互作用,才造就了战场电磁环境的复杂化。

（2）在战场电磁环境三维复杂性结构中,物理维主要描述战场电磁环境的来源和作用问题,认知维主要阐释指挥员和指挥机关对战场电磁环境影响作用的知晓、协同和管控,效果维分析电磁环境对作战行动、武器装备运用的影响。战场电磁环境复杂性的本质在于武器装备在认知维中的感知、协同、对抗下,利用或争夺物理维中的"四域"资源,而最终在效果维各层级涌现出各种复杂的结果。

（3）在复杂电磁环境下组网雷达探测能力仿真中,综合战场电磁环境分布特点、雷达抗电磁干扰能力和组网方式等因素,设置菱形、线形、三角形三种雷达组网方案。三组方案在复杂电磁环境干扰下的探测能力受到了较大的影响,探测能力出现不同程度的下降。通过 500 次仿真计算,三组组网方式下雷达的探测能力分别下降了 70.31%、54.93% 和 61.59%。很明显,线形组网方案探测能力要高于菱形和三角形方案,三组组网方案输出最大差值为 15.38%。

仿真结果表明,战场电磁环境态势是影响组网雷达探测能力的一项重要因素,通过对战场电磁环境分布情况的掌控,改变组网方式,可以有效地提高组网雷达的探测能力。因此,应针对战场电磁环境特点,将雷达部署在电磁干扰强度相对较低的作战环境中,结合合理优化的组网方式,可以有效地提高复杂电磁环境下组网雷达探测能力。

(4) 在组网雷达定位能力仿真中,组网雷达在未受电磁环境干扰情况下,仿真开始阶段 GDOP 值在 2.4km 左右,进入补盲雷达视距后,GDOP 降至 160m 左右,进入警戒雷达网后,GDOP 维持在 110m 左右。当组网雷达受到复杂电磁环境干扰影响后,雷达探测距离缩短,网内 2 部以上雷达同时对目标进行定位的探测区域缩小,造成在仿真开始阶段和中后段只有机载预警雷达单独定位时 GDOP 值达到 2.8 ~ 3.5km;同时由于受复杂电磁环境的影响和制约,雷达定位误差增大,在相同距离下,较未受电磁环境干扰情况,空中预警雷达单独定位时 GDOP 增加 1km 左右,网内多部雷达同时定位时 GDOP 增加 50 ~ 80m。

仿真结果表明,复杂电磁环境对组网雷达定位能力影响较大,电磁环境干扰后比未干扰情况下,GDOP 最大增加了 28 倍多;多部雷达同时定位时,电磁干扰后 GDOP 变化不大,基本保持在未干扰时的 1.4 ~ 1.8 倍之间。因此,组网雷达网内多部雷达同时对目标定位,可明显改善单部雷达定位效果,显著提高对目标的定位能力。

(5) 在组网雷达识别能力仿真中,在未受复杂电磁环境干扰情况下,仿真全过程组网雷达发现目标融合概率为 1,组网雷达对目标的识别精度为 1。受复杂电磁环境干扰影响后,仿真过程中组网雷达发现目标融合概率在 0.58 ~ 1.00 之间波动,受此影响组网雷达识别精度降幅较大,最终值为 0.58。

仿真结果表明,由于作用距离变短,发现目标融合概率降低,使得识别精度在整个仿真过程中都处于较低值。同时,识别阈值较高是另一重要原因,如果能通过改善目标识别的技术手段及方法来降低识别阈值,也能够提高目标识别能力。

(6) 在组网雷达跟踪能力仿真中,未受复杂电磁环境干扰情况下,仿真开始阶段由于只有空中预警雷达能够发现目标,在 x、y、z 方向上的滤波精度值 E_x、E_y、E_z 维持在较高水平,所以目标航迹滤波精度值 E 较高;当目标进入多部雷达探测区域后,滤波精度值随之降低,仿真结束时滤波精度值达到了最小值,证明组网雷达对敌目标有着较强的跟踪能力。受复杂电磁环境干扰影响后,复杂电磁环境下组网雷达滤波精度值 E_x、E_y、E_z、E 明显增大,有两个原因:一个是复杂电磁环境缩短了雷达探测距离,多部雷达同时跟踪目标时间缩短,从而滤波精度值较高;另一个是复杂电磁环境增大了雷达定位误差,导致滤波精度值相应增大。

仿真结果表明,在 x 方向滤波精度相对影响较小,E_x 值增加了 35%;在 y、z 方向影响较大,滤波精度 E_y、E_z 值分别增加了 84% 和 99%;综合三个方向影响结果,目标滤波精度 E 增加了 60%,复杂电磁环境对组网雷达跟踪能力影响较大。

（7）在组网雷达抗干扰能力仿真中,电磁环境干扰后,雷达探测距离缩短,组网雷达干扰压制比为 0.40 ~ 0.54,说明以机载预警雷达为主的组网雷达探测范围缩小了 46% 以上。造成组网雷达自卫距离大幅缩短,预警时间也相应变短。由于地面雷达在探测低空目标受视距限制的原因,空中预警雷达在组网雷达中的作用更为重要,其发现低空隐身目标的效果非常明显。因此,在针对空中预警雷达有效的电磁攻击中,会导致整个组网雷达的探测能力大大降低,所以提高空中预警雷达探测距离、加强其抗干扰能力,是提高组网雷达探测面积、增强组网雷达抗干扰能力的有效途径。

（8）在组网雷达抗低空突防能力仿真中,组网雷达受电磁环境干扰有限,对抗低空突防能力影响不大。主要有三个原因:一是补盲雷达弥补了警戒雷达网受雷达视距限制的不足;二是机载预警雷达的绝对高度使低空目标失去了优势;三是复杂电磁环境对雷达探测能力影响有限,没有达到致盲的效果。因此,多种不同功能雷达进行合理的组网,可以有效抑制复杂电磁环境对组网雷达抗低空突防能力的不利影响。

（9）在组网雷达抗隐身能力仿真中,目标采取隐身措施后,组网雷达受复杂电磁环境影响的问题凸显出来。复杂电磁环境使警戒雷达探测距离缩短了 40%,补盲雷达缩短了 50% 以上,而机载预警雷达由于与敌目标距离间的变化,受电磁环境干扰后,导致在不同区段发现目标概率下降了 10% ~ 60%。组网雷达抗隐身过程中,空中预警雷达在组网雷达中发挥主要作用,随着目标进入补盲雷达和警戒雷达探测范围,组网雷达融合概率恢复到未受电磁干扰前的水平。

（10）在组网雷达抗 ARM 攻击能力仿真中,通过 1000 次 ARM 攻击雷达仿真试验可以看到,未受电磁环境干扰时,警戒雷达和补盲雷达受 ARM 攻击后的生存概率为 0.16 ~ 0.19;在复杂电磁环境下 ARM 攻击后的生存概率为 0.27 ~ 0.29,地面雷达网生存概率从未受干扰前的 0.54 提高到复杂电磁环境下的 0.73。复杂电磁环境对 ARM 干扰后,雷达的生存能力提高了 50% ~ 70%,地面雷达网的生存能力提高了 36%。通过分析可以看到,ARM 对单部雷达攻击的摧毁概率很高,采取电子干扰手段会提高雷达生存能力,但效果并不理想。因此,在抗 ARM 攻击中,最好的办法是在雷达附近增加诱偏干扰源对 ARM 进行诱偏。

（11）在组网雷达"四抗"综合能力仿真中,目标采取隐身并使用 ARM 攻击雷达后,因为补盲雷达被摧毁,组网雷达发现低空隐身目标概率明显降低,对组网雷达"四抗"综合能力受到了较大的影响。而由于警戒雷达Ⅰ未被攻击,保证了组网雷达在最后阶段较好的发现目标能力。因受复杂电磁环境干扰,地面雷达遭到 1 次 AMR 随机攻击后的生存概率得到了较大的提升,造成干扰后发现目标概率要高于无干扰时的情况。

6.3　工作展望

在前人研究成果基础上,我们做了进一步的研究,开展了一些工作,取得了部分有参考价值的结论。但由于基于信息系统下的体系作战能力理论体系庞大、实践活动繁杂,研究内容所涉及的广度和深度有限,并在研究过程中弱化了很多因素。因此,建议继续开展以下研究:

(1)战场电磁环境"三维"复杂性涌现机理复杂,在许多未知领域内的复杂性涌现内容还未涉及。随着基于信息系统的体系作战能力建设展开,研究内容应进一步跟进,不断完善,更好地指导理论研究与实践应用。

(2)考虑组网雷达与其他武器装备系统在复杂电磁环境下实际协同作战运用的情况,提炼复杂电磁环境下组网雷达作战组织实施指导思想与作战运用原则,在进一步的训练、演练以及实战中进行检验,并修改完善。在不断积累过程中形成对作战行为具有规范性的作战守则与手册,指导复杂电磁环境下组网雷达作战运用。

(3)当前,在基于 MAS 的复杂电磁环境下组网雷达作战能力仿真模型中,未单独考虑电磁环境对雷达波辐射传播过程的影响,为了完善模型功能,在下一步的研究中需建立复杂电磁环境对雷达波辐射传播的影响模型。作战想定中增加对抗想定,不断加强反映战场真实作战活动的内容。

(4)在构建电磁环境仿真环境中,嵌入真实的地理环境、大气环境、海洋环境等战场环境内容,形成全景可视化的战场态势,做到无限逼近真实战场复杂电磁环境,提高仿真精度,掌握复杂电磁环境下武器装备作战能力发挥情况,为指挥员指挥复杂电磁环境下武器装备作战行动提供直观有效的借鉴参考。

附录 A 战场电磁环境物理维干扰强度计算方法

A.1 战场电磁环境物理维干扰强度计算流程图

战场电磁环境物理维干扰强度计算流程图如图 A-1 所示。

A.2 参数描述

复杂度度量应依据战场空间 Ω、用频范围 $[f_1,f_2]$、作战时间段 $[t_1,t_2]$ 来进行。战场电磁环境物理维的信号功率密度谱 $S(\boldsymbol{r},t,f)$ 是指空间某一指定位置电磁信号的功率密度在频域上的分布。在空间任一给定位置 $\boldsymbol{r}_0$，功率密度谱只是时间与频率的函数，其大小与时间和频率的关系，即时频分布如图 A-2 所示。

在空间任一给定位置 $\boldsymbol{r}_0$，时域平均功率密度谱的定义为

$$S(\boldsymbol{r}_0,f) = \frac{1}{t_2-t_1}\int_{t_1}^{t_2}S(\boldsymbol{r}_0,t,f)\,\mathrm{d}t \qquad (A-1)$$

式中：$S(\boldsymbol{r}_0,f)$ ——时域平均功率密度谱（$\mathrm{W/(m^2 \cdot Hz)}$）；

t_2-t_1 ——用频装备工作时间段（s）；

$S(\boldsymbol{r}_0,t,f)$ ——功率密度谱（$\mathrm{W/(m^2 \cdot Hz)}$）。

频域平均功率密度谱的定义为

$$S(\boldsymbol{r}_0,t) = \frac{1}{f_2-f_1}\int_{f_1}^{f_2}S(\boldsymbol{r}_0,t,f)\,\mathrm{d}f \qquad (A-2)$$

式中：$S(\boldsymbol{r}_0,t)$ ——频域平均功率密度谱（$\mathrm{W/(m^2 \cdot Hz)}$）；

f_2 ——用频装备使用的最高频率（Hz）；

f_1 ——用频装备使用的最低频率（Hz）。

用频范围可以是离散的，作战时间段也可以是离散的。

电磁环境阈值是指对在相应频段工作的电子信息设备产生一定干扰的电磁环境信号功率密度谱的最小值，其大小依据国际电信联盟（ITU）推荐的中国地区各频段背景噪声值高 10dB 为基准，如图 A-2 中 S_0 所示。

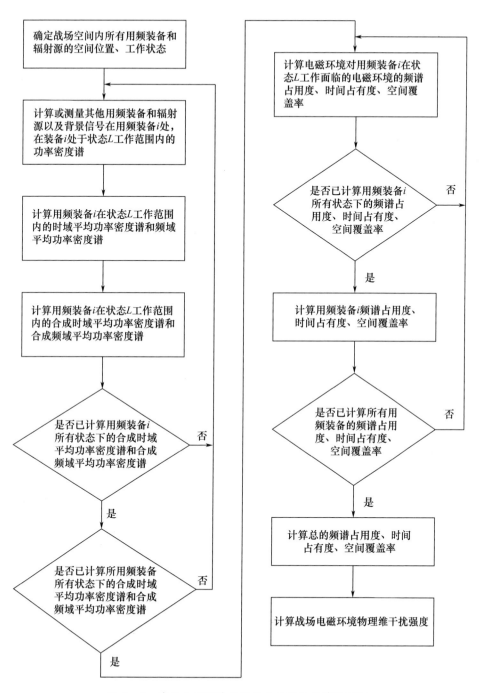

图 A-1 战场电磁环境物理维干扰强度计算流程图

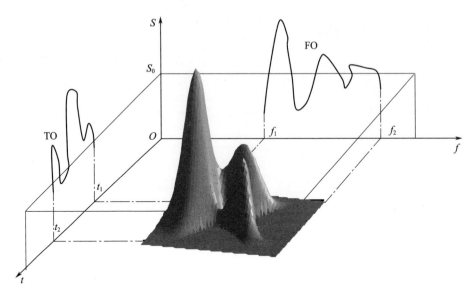

图 A - 2　战场电磁环境物理维描述参数示意

t—时间(s);S_0—电磁环境门限(W/m^2·Hz);FO—频谱占用度(%);

f—频率(Hz);S—功率谱密度(W/(m^2·Hz));TO—时间占用度(%)。

A.3　干扰强度计算

A.3.1　频谱占用度

在一定时间和空间范围内,电磁环境信号功率密度谱的平均值超过指定电磁环境阈值所占有的频带与作战用频范围的比值,计算公式为

$$\mathrm{FO} = \frac{1}{f_2 - f_1}\int_{f_1}^{f_2} U\left\{\frac{1}{(t_2 - t_1)V_\Omega}\int_\Omega\left[\int_{t_1}^{t_2} S(\boldsymbol{r},t,f)\,\mathrm{d}t\right]\mathrm{d}v - S_0\right\}\mathrm{d}f \quad （A-3）$$

式中:FO——频谱占用度;

　　U ——单位阶跃函数;

　　$S(\boldsymbol{r},t,f)$ ——功率密度谱(W/(m^2·Hz));

　　$\boldsymbol{r}$ ——空间位置坐标(m);

　　V_Ω ——作战空间体积(m^3);

　　S_0 ——电磁环境阈值(W/(m^2·Hz))。

离散情况下,采用分段积分求和得到。

A.3.2 时间占有度

在一定空间和频率范围内,电磁环境功率密度谱的平均值超过指定电磁环境阈值所占用的时间长度与作战时间段的比值,计算公式为

$$\text{TO} = \frac{1}{t_2 - t_1} \int_{t_1}^{t_2} U \left\{ \frac{1}{(f_2 - f_1) V_\Omega} \int_\Omega \left[\int_{f_1}^{f_2} S(\boldsymbol{r}, t, f) \, \mathrm{d}f \right] \mathrm{d}v - S_0 \right\} \mathrm{d}t \qquad (\text{A} - 4)$$

式中:TO 为时间占有度。

离散情况下,采用分段积分求和得到。

A.3.3 空间覆盖率

在一定时间和频率范围内,电磁环境功率密度谱的平均值超过指定电磁环境阈值所占用的空间范围与作战空间范围的比值,计算公式为

$$\text{SO} = \frac{1}{V_\Omega} \int_\Omega U \left\{ \frac{1}{(f_2 - f_1)(t_2 - t_1)} \int_{t_1}^{t_2} \left[\int_{f_1}^{f_2} S(\boldsymbol{r}, t, f) \, \mathrm{d}f \right] \mathrm{d}t - S_0 \right\} \mathrm{d}v \qquad (\text{A} - 5)$$

式中:SO 为空间覆盖率。

离散情况下,采用分段积分求和得到。

A.3.4 干扰强度

战场电磁环境物理维干扰强度是依据频谱占用度、时间占有度和空间覆盖率三个指标进行的。参照 A.1 的流程计算总的频谱占用度、时间占有度、空间覆盖率,干扰强度计算公式为

$$P = \sqrt[3]{\text{FO} \times \text{TO} \times \text{SO}} \qquad (\text{A} - 6)$$

附录 B 复杂电磁环境下各项参数云数字特征值

B.1 复杂电磁环境下雷达探测能力定性评估规则

复杂电磁环境下雷达探测能力定性评估规则如表 B-1 所列。

表 B-1 复杂电磁环境下雷达探测能力定性评估规则

电磁环境物理维干扰强度	抗电磁干扰能力				
	等级5(很弱)	等级4(较弱)	等级3(中等)	等级2(较强)	等级1(很强)
E(很高)	—	—	规则1	—	—
D(较高)	—	规则3	—	规则4	—
C(中等)	规则2	—	规则5	—	规则9
B(较低)	—	规则6	—	规则7	—
A(很低)	—	—	规则8	—	—

规则1：If E(干扰强度很高) and 等级3(抗干扰能力中等)，then 雷达探测能力很弱。

规则2：If C(干扰强度中等) and 等级5(抗干扰能力很弱)，then 雷达探测能力很弱。

规则3：If D(干扰强度较高) and 等级4(抗干扰能力较弱)，then 雷达探测能力弱。

规则4：If D(干扰强度较高) and 等级2(抗干扰能力较强)，then 雷达探测能力较弱。

规则5：If C(干扰强度中等) and 等级3(抗干扰能力中等)，then 雷达探测能力中等。

规则6：If B(干扰强度较低) and 等级4(抗干扰能力较弱)，then 雷达探测能力较强。

规则7：If B(干扰强度较低) and 等级2(抗干扰能力较强)，then 雷达探测能力强。

规则8：If A(干扰强度很低) and 等级3(抗干扰能力中等)，then 雷达探测能力很强。

规则9：If C(干扰强度中等) and 等级1(抗干扰能力很强)，then 雷达探测能力很强。

复杂电磁环境下某型雷达探测能力云数字特征参数如表B-2所列。

表B-2 复杂电磁环境下某型雷达探测能力云数字特征参数

云数字特征值	电磁干扰强度			抗电磁干扰能力			最大探测距离		
	Ex	En	He	Ex	En	He	Ex	En	He
规则1	0.896	0.113	0.011	0.501	0.108	0.010	$l_0 \times 0.128$	0.113	0.011
规则2	0.503	0.107	0.011	0.109	0.117	0.012	$l_0 \times 0.144$	0.097	0.010
规则3	0.701	0.109	0.010	0.301	0.109	0.010	$l_0 \times 0.259$	0.149	0.015
规则4	0.699	0.112	0.012	0.709	0.112	0.011	$l_0 \times 0.339$	0.122	0.012
规则5	0.499	0.112	0.012	0.503	0.112	0.011	$l_0 \times 0.502$	0.122	0.012
规则6	0.298	0.105	0.010	0.303	0.105	0.010	$l_0 \times 0.620$	0.130	0.013
规则7	0.303	0.101	0.010	0.699	0.113	0.010	$l_0 \times 0.757$	0.125	0.013
规则8	0.109	0.108	0.011	0.498	0.108	0.010	$l_0 \times 0.879$	0.188	0.019
规则9	0.501	0.109	0.011	0.905	0.101	0.010	$l_0 \times 0.889$	0.109	0.011

注：l_0 为雷达未受电磁环境干扰情况下最大探测距离。

B.2 复杂电磁环境下雷达数据通信能力定性评估规则

复杂电磁环境下雷达通信数据能力定性评估规则如表B-3所列。

表B-3 复杂电磁环境下雷达通信能力定性评估规则

电磁环境物理维干扰强度	抗电磁干扰能力				
	等级5(很弱)	等级4(较弱)	等级3(中等)	等级2(较强)	等级1(很强)
E(很高)	—	—	规则1	—	—
D(较高)	—	规则3	—	规则4	—
C(中等)	规则2	—	规则5	—	规则9
B(较低)	—	规则6	—	规则7	—
A(很低)	—	—	规则8	—	—

规则1：If E(干扰强度很高) and 等级3(抗干扰能力中等)，then 雷达数据通信能力很弱。

规则2：If C(干扰强度中等) and 等级5(抗干扰能力很弱)，then 雷达数据通信能力很弱。

    规则3：If   D(干扰强度较高)   and   等级4(抗干扰能力较弱)，then   雷达数据通信能力弱。

    规则4：If   D(干扰强度较高)   and   等级2(抗干扰能力较强)，then   雷达数据通信能力较弱。

    规则5：If   C(干扰强度中等)   and   等级3(抗干扰能力中等)，then   雷达数据通信能力中等。

    规则6：If   B(干扰强度较低)   and   等级4(抗干扰能力较弱)，then   雷达数据通信能力较强。

    规则7：If   B(干扰强度较低)   and   等级2(抗干扰能力较强)，then   雷达数据通信能力强。

    规则8：If   A(干扰强度很低)   and   等级3(抗干扰能力中等)，then   雷达数据通信能力很强。

    规则9：If   C(干扰强度中等)   and   等级1(抗干扰能力很强)，then   雷达数据通信能力很强。

设复杂电磁环境下补盲雷达和机载预警雷达数据通信能力云数字特征如表B-4所列。

表 B-4 复杂电磁环境下雷达数据通信能力云数字特征参数

云数字特征值	电磁干扰强度			抗电磁干扰能力			补盲雷达数据通信能力			机载预警雷达数据通信能力		
	Ex	En	He	Ex	En	He	Ex	En	He	Ex	En	He
规则1	0.896	0.113	0.011	0.501	0.108	0.010	0.125	0.114	0.013	0.120	0.107	0.010
规则2	0.503	0.107	0.011	0.109	0.117	0.012	0.147	0.104	0.013	0.129	0.103	0.011
规则3	0.701	0.109	0.010	0.301	0.109	0.010	0.250	0.107	0.011	0.244	0.109	0.012
规则4	0.699	0.112	0.012	0.709	0.112	0.011	0.375	0.097	0.010	0.377	0.102	0.012
规则5	0.499	0.112	0.012	0.503	0.112	0.011	0.500	0.098	0.010	0.505	0.102	0.012
规则6	0.298	0.105	0.010	0.303	0.105	0.010	0.625	0.099	0.010	0.627	0.100	0.013
规则7	0.303	0.101	0.010	0.699	0.113	0.010	0.750	0.106	0.011	0.757	0.105	0.013
规则8	0.109	0.108	0.011	0.498	0.108	0.010	0.875	0.094	0.012	0.877	0.098	0.012
规则9	0.501	0.109	0.011	0.905	0.101	0.010	0.880	0.093	0.012	0.879	0.099	0.011

B.3   复杂电磁环境下雷达定位能力定性评估规则

复杂电磁环境下雷达探测目标方位角误差标准差和俯仰角误差标准差定性

评估规则如表 B-5 所列。

表 B-5 复杂电磁环境下雷达探测目标方位角误差标准差
和俯仰角误差标准差定性评估规则

电磁环境物理维干扰强度	抗电磁干扰能力				
	等级5(很弱)	等级4(较弱)	等级3(中等)	等级2(较强)	等级1(很强)
E(很高)	—	—	规则1	—	—
D(较高)	—	规则3	—	规则4	—
C(中等)	规则2	—	规则5	—	规则9
B(较低)	—	规则6	—	规则7	—
A(很低)	—	—	规则8	—	—

规则 1：If E(干扰强度很高) and 等级3(抗干扰能力中等),then 雷达探测目标方位角误差标准差和俯仰角误差标准差很大。

规则 2：If C(干扰强度中等) and 等级5(抗干扰能力很弱),then 雷达探测目标方位角误差标准差和俯仰角误差标准差很大。

规则 3：If D(干扰强度较高) and 等级4(抗干扰能力较弱),then 雷达探测目标方位角误差标准差和俯仰角误差标准差大。

规则 4：If D(干扰强度较高) and 等级2(抗干扰能力较强),then 雷达探测目标方位角误差标准差和俯仰角误差标准差较大。

规则 5：If C(干扰强度中等) and 等级3(抗干扰能力中等),then 雷达探测目标方位角误差标准差和俯仰角误差标准差中等。

规则 6：If B(干扰强度较低) and 等级4(抗干扰能力较弱),then 雷达探测目标方位角误差标准差和俯仰角误差标准差较小。

规则 7：If B(干扰强度较低) and 等级2(抗干扰能力较强),then 雷达探测目标方位角误差标准差和俯仰角误差标准差小。

规则 8：If A(干扰强度很低) and 等级3(抗干扰能力中等),then 雷达探测目标方位角误差标准差和俯仰角误差标准差很小。

规则 9：If C(干扰强度中等) and 等级1(抗干扰能力很强),then 雷达探测目标方位角误差标准差和俯仰角误差标准差很小。

设复杂电磁环境下雷达云数字特征如表 B-6 所列。

表 B-6 复杂电磁环境下雷达云数字特征参数

云数字特征值	电磁干扰强度			抗电磁干扰能力			警戒雷达探测距离			补盲雷达探测距离		
	Ex	En	He	Ex	En	He	Ex	En	He	Ex	En	He
规则1	0.896	0.113	0.011	0.501	0.108	0.010	l_{jj} ×0.128	0.113	0.011	l_{bm} ×0.130	0.113	0.011

续表

云数字特征值	电磁干扰强度			抗电磁干扰能力			警戒雷达探测距离			补盲雷达探测距离		
	Ex	En	He	Ex	En	He	Ex	En	He	Ex	En	He
规则2	0.503	0.107	0.011	0.109	0.117	0.012	$l_{jj}×0.124$	0.097	0.010	$l_{bm}×0.129$	0.107	0.010
规则3	0.701	0.109	0.010	0.301	0.109	0.010	$l_{jj}×0.249$	0.119	0.012	$l_{bm}×0.254$	0.109	0.011
规则4	0.699	0.112	0.012	0.709	0.112	0.011	$l_{jj}×0.379$	0.122	0.012	$l_{bm}×0.377$	0.122	0.012
规则5	0.499	0.112	0.012	0.503	0.112	0.011	$l_{jj}×0.510$	0.122	0.012	$l_{bm}×0.508$	0.122	0.012
规则6	0.298	0.105	0.010	0.303	0.105	0.010	$l_{jj}×0.630$	0.130	0.013	$l_{bm}×0.633$	0.115	0.013
规则7	0.303	0.101	0.010	0.699	0.113	0.010	$l_{jj}×0.759$	0.125	0.013	$l_{bm}×0.760$	0.125	0.013
规则8	0.109	0.108	0.011	0.498	0.108	0.010	$l_{jj}×0.879$	0.108	0.011	$l_{bm}×0.881$	0.118	0.012
规则9	0.501	0.109	0.011	0.905	0.101	0.010	$l_{jj}×0.880$	0.109	0.011	$l_{bm}×0.889$	0.109	0.011

机载预警雷达探测距离			警戒雷达方位角 φ 定位误差标准差			补盲雷达方位角 φ 定位误差标准差			机载预警雷达方位角 φ 定位误差标准差		
Ex	En	He	Ex	En	He	Ex	En	He	Ex	En	He
$l_{yj}×0.120$	0.097	0.010	$\sigma_{\varphi1}×e^{0.869}$	0.113	0.011	$\sigma_{\varphi2}×e^{0.870}$	0.113	0.011	$\sigma_{\varphi3}×e^{0.875}$	0.118	0.010
$l_{yj}×0.129$	0.113	0.011	$\sigma_{\varphi1}×e^{0.866}$	0.107	0.010	$\sigma_{\varphi2}×e^{0.871}$	0.107	0.010	$\sigma_{\varphi3}×e^{0.880}$	0.107	0.010
$l_{yj}×0.242$	0.119	0.012	$\sigma_{\varphi1}×e^{0.770}$	0.109	0.011	$\sigma_{\varphi2}×e^{0.756}$	0.109	0.011	$\sigma_{\varphi3}×e^{0.770}$	0.119	0.012
$l_{yj}×0.379$	0.122	0.012	$\sigma_{\varphi1}×e^{0.628}$	0.122	0.012	$\sigma_{\varphi2}×e^{0.623}$	0.122	0.012	$\sigma_{\varphi3}×e^{0.630}$	0.122	0.011
$l_{yj}×0.510$	0.122	0.012	$\sigma_{\varphi1}×e^{0.506}$	0.122	0.012	$\sigma_{\varphi2}×e^{0.492}$	0.122	0.012	$\sigma_{\varphi3}×e^{0.491}$	0.122	0.011
$l_{yj}×0.630$	0.130	0.013	$\sigma_{\varphi1}×e^{0.390}$	0.115	0.013	$\sigma_{\varphi2}×e^{0.370}$	0.115	0.013	$\sigma_{\varphi3}×e^{0.381}$	0.115	0.013
$l_{yj}×0.760$	0.125	0.013	$\sigma_{\varphi1}×e^{0.260}$	0.115	0.013	$\sigma_{\varphi2}×e^{0.255}$	0.125	0.013	$\sigma_{\varphi3}×e^{0.256}$	0.133	0.013
$l_{yj}×0.880$	0.108	0.012	$\sigma_{\varphi1}×e^{0.122}$	0.118	0.012	$\sigma_{\varphi2}×e^{0.119}$	0.118	0.012	$\sigma_{\varphi3}×e^{0.125}$	0.118	0.012
$l_{yj}×0.882$	0.109	0.011	$\sigma_{\varphi1}×e^{0.111}$	0.109	0.011	$\sigma_{\varphi2}×e^{0.111}$	0.109	0.011	$\sigma_{\varphi3}×e^{0.115}$	0.110	0.011

警戒雷达俯仰角 ε 定位误差标准差			补盲雷达俯仰角 ε 定位误差标准差			机载预警雷达俯仰角 ε 定位误差标准差		
Ex	En	He	Ex	En	He	Ex	En	He
$\sigma_{\varepsilon1}×e^{0.879}$	0.113	0.011	$\sigma_{\varepsilon2}×e^{0.880}$	0.097	0.010	$\sigma_{\varepsilon3}×e^{0.879}$	0.097	0.010
$\sigma_{\varepsilon1}×e^{0.866}$	0.097	0.010	$\sigma_{\varepsilon2}×e^{0.871}$	0.113	0.011	$\sigma_{\varepsilon3}×e^{0.868}$	0.113	0.011
$\sigma_{\varepsilon1}×e^{0.760}$	0.119	0.012	$\sigma_{\varepsilon2}×e^{0.766}$	0.119	0.012	$\sigma_{\varepsilon3}×e^{0.769}$	0.109	0.012
$\sigma_{\varepsilon1}×e^{0.638}$	0.122	0.012	$\sigma_{\varepsilon2}×e^{0.633}$	0.122	0.012	$\sigma_{\varepsilon3}×e^{0.638}$	0.122	0.012
$\sigma_{\varepsilon1}×e^{0.506}$	0.122	0.012	$\sigma_{\varepsilon2}×e^{0.510}$	0.122	0.012	$\sigma_{\varepsilon3}×e^{0.506}$	0.122	0.012
$\sigma_{\varepsilon1}×e^{0.385}$	0.130	0.013	$\sigma_{\varepsilon2}×e^{0.383}$	0.130	0.013	$\sigma_{\varepsilon3}×e^{0.383}$	0.130	0.013
$\sigma_{\varepsilon1}×e^{0.262}$	0.125	0.013	$\sigma_{\varepsilon2}×e^{0.253}$	0.125	0.013	$\sigma_{\varepsilon3}×e^{0.261}$	0.125	0.013

续表

警戒雷达俯仰角 ε 定位误差标准差			补盲雷达俯仰角 ε 定位误差标准差			机载预警雷达俯仰角 ε 定位误差标准差		
Ex	En	He	Ex	En	He	Ex	En	He
$\sigma_{\varepsilon 1} \times e^{0.112}$	0.108	0.012	$\sigma_{\varepsilon 2} \times e^{0.113}$	0.108	0.012	$\sigma_{\varepsilon 3} \times e^{0.121}$	0.118	0.012
$\sigma_{\varepsilon 1} \times e^{0.107}$	0.109	0.011	$\sigma_{\varepsilon 2} \times e^{0.110}$	0.109	0.011	$\sigma_{\varepsilon 3} \times e^{0.116}$	0.119	0.011

警戒雷达探测距离 r 定位误差标准差			补盲雷达俯仰角 r 定位误差标准差			机载预警雷达俯仰角 r 定位误差标准差		
Ex	En	He	Ex	En	He	Ex	En	He
$\sigma_{r 1} \times e^{0.872}$	0.113	0.011	$\sigma_{r 2} \times e^{0.865}$	0.113	0.011	$\sigma_{r 3} \times e^{0.882}$	0.099	0.011
$\sigma_{r 1} \times e^{0.867}$	0.097	0.010	$\sigma_{r 2} \times e^{0.860}$	0.117	0.012	$\sigma_{r 3} \times e^{0.870}$	0.114	0.011
$\sigma_{r 1} \times e^{0.767}$	0.119	0.012	$\sigma_{r 2} \times e^{0.753}$	0.119	0.012	$\sigma_{r 3} \times e^{0.757}$	0.111	0.013
$\sigma_{r 1} \times e^{0.641}$	0.122	0.012	$\sigma_{r 2} \times e^{0.626}$	0.122	0.012	$\sigma_{r 3} \times e^{0.634}$	0.123	0.012
$\sigma_{r 1} \times e^{0.510}$	0.122	0.012	$\sigma_{r 2} \times e^{0.505}$	0.122	0.012	$\sigma_{r 3} \times e^{0.509}$	0.124	0.013
$\sigma_{r 1} \times e^{0.380}$	0.130	0.013	$\sigma_{r 2} \times e^{0.378}$	0.130	0.013	$\sigma_{r 3} \times e^{0.385}$	0.131	0.013
$\sigma_{r 1} \times e^{0.260}$	0.125	0.013	$\sigma_{r 2} \times e^{0.255}$	0.125	0.013	$\sigma_{r 3} \times e^{0.254}$	0.127	0.014
$\sigma_{r 1} \times e^{0.121}$	0.108	0.011	$\sigma_{r 2} \times e^{0.120}$	0.118	0.012	$\sigma_{r 3} \times e^{0.123}$	0.119	0.012
$\sigma_{r 1} \times e^{0.116}$	0.109	0.011	$\sigma_{r 2} \times e^{0.108}$	0.119	0.011	$\sigma_{r 3} \times e^{0.119}$	0.121	0.012

注：l_{jj}、l_{bm}、l_{yj} 分别为警戒雷达、补盲雷达、机载预警雷达最大探测距离；$\sigma_{\varphi 1}$、$\sigma_{\varphi 2}$、$\sigma_{\varphi 3}$ 分别为警戒雷达、补盲雷达、机载预警雷达方位角 φ 的定位误差标准差；$\sigma_{\varepsilon 1}$、$\sigma_{\varepsilon 2}$、$\sigma_{\varepsilon 3}$ 分别为警戒雷达、补盲雷达、机载预警雷达俯仰角 ε 的定位误差标准差；$\sigma_{r 1}$、$\sigma_{r 2}$、$\sigma_{r 3}$ 分别为警戒雷达、补盲雷达、机载预警雷达探测距离 r 的定位误差标准差。

B.4　复杂电磁环境下 ARM 测角误差定性评估规则

复杂电磁环境下 ARM 测角误差定性评估规则如表 B-7 所列。

表 B-7　复杂电磁环境下 ARM 测角误差定性评估规则

电磁环境物理维干扰强度	抗电磁干扰能力				
	等级 5（很弱）	等级 4（较弱）	等级 3（中等）	等级 2（较强）	等级 1（很强）
E（很高）	—	—	规则 1		
D（较高）	—	规则 3	—	规则 4	—
C（中等）	规则 2	—	规则 5	—	规则 9
B（较低）	—	规则 6	—	规则 7	
A（很低）	—	—	规则 8		

规则 1：If E（干扰强度很高） and 等级 3（抗干扰能力中等），then ARM 测角误差标准差很大。

规则 2：If C（干扰强度中等） and 等级 5（抗干扰能力很弱），then ARM 测角误差标准差很大。

规则 3：If D（干扰强度较高） and 等级 4（抗干扰能力较弱），then ARM 测角误差标准差大。

规则 4：If D（干扰强度较高） and 等级 2（抗干扰能力较强），then ARM 测角误差标准差较大。

规则 5：If C（干扰强度中等） and 等级 3（抗干扰能力中等），then ARM 测角误差标准差中等。

规则 6：If B（干扰强度较低） and 等级 4（抗干扰能力较弱），then ARM 测角误差标准差较小。

规则 7：If B（干扰强度较低） and 等级 2（抗干扰能力较强），then ARM 测角误差标准差小。

规则 8：If A（干扰强度很低） and 等级 3（抗干扰能力中等），then ARM 测角误差标准差很小。

规则 9：If C（干扰强度中等） and 等级 1（抗干扰能力很强），then ARM 测角误差标准差很小。

设复杂电磁环境下 ARM 测角误差标准差云数字特征如表 B-8 所列，其中 σ_θ 为测角误差 a_w 的标准差。

表 B-8 复杂电磁环境下 ARM 测角误差 a_w 云数字特征参数

云数字特征值	电磁干扰强度			抗电磁干扰能力			ARM 测角误差 a_w 误差标准差		
	Ex	En	He	Ex	En	He	Ex	En	He
规则 1	0.896	0.113	0.011	0.501	0.108	0.010	$\sigma_\theta \times e^{0.869}$	0.103	0.010
规则 2	0.503	0.107	0.011	0.109	0.117	0.012	$\sigma_\theta \times e^{0.866}$	0.097	0.009
规则 3	0.701	0.109	0.010	0.301	0.109	0.010	$\sigma_\theta \times e^{0.750}$	0.099	0.010
规则 4	0.699	0.112	0.012	0.709	0.112	0.011	$\sigma_\theta \times e^{0.647}$	0.112	0.011
规则 5	0.499	0.112	0.012	0.503	0.112	0.011	$\sigma_\theta \times e^{0.506}$	0.112	0.011
规则 6	0.298	0.105	0.010	0.303	0.105	0.010	$\sigma_\theta \times e^{0.390}$	0.105	0.012
规则 7	0.303	0.101	0.010	0.699	0.113	0.010	$\sigma_\theta \times e^{0.250}$	0.105	0.012
规则 8	0.109	0.108	0.011	0.498	0.108	0.010	$\sigma_\theta \times e^{0.122}$	0.108	0.011
规则 9	0.501	0.109	0.011	0.905	0.101	0.010	$\sigma_\theta \times e^{0.121}$	0.099	0.010

附录 C　复杂电磁环境下组网雷达作战运用

现代信息化战争中,组网雷达在战场监视和战场态势感知上发挥了重要作用。而战场复杂电磁环境对组网雷达的影响,会降低其局部节点发现目标的能力和对目标的处理能力,不利于战场目标信息快捷、准确地传递。组网雷达探测能力和信息处理能力的下降,相应地降低了其对战场态势感知能力,并延缓了作战进程,最终会影响到各作战单位的决策速度、机动性、灵活性和作战能力。复杂电磁环境下组网雷达作战运用研究的目的是透过组网雷达作战运用模式,来探索复杂电磁环境下组网雷达的组织实施指导思想和作战运用基本原则,以巩固和提高组网雷达在复杂电磁环境下的作战能力。

C.1　组网雷达体制模式及研究应用

按照不同的标准,组网雷达可以分为不同的类型,例如:按照雷达站载体的不同,雷达网可以分为陆基雷达网、舰基雷达网、空基雷达网和天基雷达网;按照防空作战任务的不同,雷达网可以分为预警线、预警环、预警区和独立预警区。

C.1.1　体制分类

按照体制构成,组网雷达可分为三种基本作战运用模式:①单基雷达组网模式,指网内雷达均为单基工作体制;②双/多基雷达组网模式,指网内雷达均是双/多雷达工作体制,即对同一个发射机部署了许多分开的接收机的雷达组网;③雷达混合组网模式,指单基和收发异地混合组网,网内主干雷达既可工作在单基雷达模式,也可工作在双/多基雷达模式,该方式具有前两种方式的优点,具有较高的效费比。

1. 单基地雷达组网模式

单基地雷达是指收、发设备在一起的脉冲雷达基地。单基地雷达组网模式即指将单基地雷达通过中心站进行简单组网,如图 C-1 所示。单基地雷达组网方式具有组网简单和数据处理容易等优点。

雷达组网后,与单基地雷达相比,具有更高的目标发现概率,目标的探测跟踪范围相应增大,对导弹类目标和隐身目标检测更为有效,对机动目标的跟踪连续性和可靠性都大幅改善;还能够降低自然和人为的干扰,减小受反辐射导弹攻击的概率[102]。但由于网内各部雷达都会辐射电磁波,因此系统只能够有限改善其反电子对抗(ECM)和抗反辐射导弹性能。

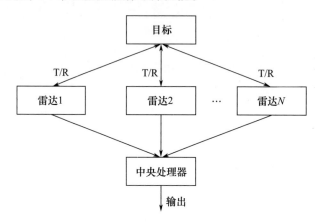

图 C-1 单基地雷达组网模式

通过采取下列措施,可提高单基地组网雷达在战场复杂电磁环境下的抗干扰能力:

(1)部署各种不同频段、不同发射波形的雷达。受战场电磁环境干扰时,情报指挥中心可选择受干扰程度较轻的雷达提供情报。在干扰种类和参数变化或者干扰源变动的情况下,适时改变优选雷达。

(2)根据各雷达受电磁环境干扰的情况,指挥它们开机或者关机、变更发射波形、变更重复频率、变更天线转速等,即让发射信号实施时域变化,从而给战场敌方雷达对抗侦察设备在分选识别信号时增加困难,尤其在网内雷达数量多时会起一定作用。

(3)指挥各雷达改换工作频率、变更定频工作或者捷变频工作的方式,即让发射信号在频域内机动,从而给敌方侦察和干扰制造困难,使己方部分雷达摆脱或者减轻干扰。

(4)充分而巧妙地利用了各部雷达中较高的分辨力(窄波束的方位分辨力和窄脉冲的距离分辨力),以区分目标和箔条,区分干扰飞机和被掩护目标。进一步利用各雷达的径向多普勒分辨力,对反消极干扰更为有利。

(5)适时控制网内某些雷达的发射波形,加大其时宽与频宽乘积,从而减小其信号被敌方雷达对抗侦察设备侦察的概率,使其在其他雷达信号的掩护下较为有效地工作。

（6）控制雷达网内各雷达按照预定编程或者随机开机、关机，即实现"闪烁式"开机，各雷达站的断续情报在情报指挥中心进行综合。这样可以迷惑实施雷达干扰的一方，多种不同频率的雷达"闪烁"时可能使敌方干扰机难以有效地工作。如果网内再设置一部分假发射机（诱饵），真真假假，时隐时现，终将迫使敌方在空域和频域内分散干扰功率，从而降低敌干扰机的干扰效果。

2. 双/多基地雷达组网模式

双/多基地雷达组网模式是发射机（含天线）和接收机（含天线和信息处理设备）分离很远的雷达系统，如图 C-2 所示。双/多基地雷达组网系统对现代战场电磁环境有更强的适应性，由于其发射机与接收机分开布局，在反 ECM 和抗 ARM 方面较单基地雷达组网具有很大优势。多基地雷达系统中，发射机辐射电磁波，接收机被动工作，将发射机部署于 ARM 攻击的范围之外，或防护能力强的位置，可大大降低电子侦察干扰和受 ARM 攻击的可能性。双/多基地雷达的这些特点，使得它在军事应用上具有广阔前景。[103]

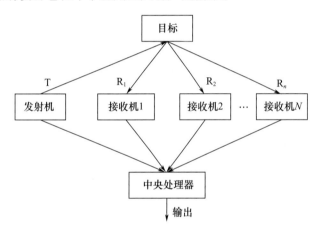

图 C-2 双（多）基地雷达组网模式

通过采取下列措施，可增强双/多基地组网雷达在战场复杂电磁环境下的抗干扰能力：

（1）由于干扰方不清楚雷达接收机基地的位置，因此在施放干扰时，干扰方可能被迫采用全向干扰而将干扰功率在空间分散，而雷达网一方仍然可以择优选用信息。

（2）各接收基地可变换不同极化方式接收目标信号，以减轻干扰强度。情报中心在选择受干扰较轻的雷达信息时，可增多一种控制与选择的手段。

（3）由于干扰方不知道雷达接收基地的位置所在，欺骗式干扰也不易奏效，因此所造成假目标的运动会出现异常而易于识别。

（4）各个多基地系统内由哪个基地担任发射基地任务，可以由情报中心根据空中敌我态势和敌方施放干扰的策略来灵活地加以变更，以迷惑敌人，提高整个雷达网探测空中目标的概率。

（5）以接收机构成的无源分布式多传感器阵列的组网方式中，当目标有电磁波辐射时，系统通过接收目标辐射的电磁波对其定位；当目标无电磁波辐射时，系统则利用目标反射的其他雷达信号对目标定位。这种组网系统本身不发射电磁波，工作完全隐蔽，对现代战场电磁环境的适应能力较强。

3. 雷达混合组网模式

雷达混合组网模式是指将单、双基地雷达混合组网。单基地雷达的发射机同时可作为双基地雷达照射源，如图 C-3 所示。这种组网方式工作时有一定的灵活性，既可按混合方式工作，也可按双基或多基方式工作。混合组网雷达网内每一部雷达或多数雷达既可以按单基地雷达方式单独工作，又可以与其他基地设备组成多基地雷达系统配合工作，网内抗干扰潜力大幅提高。

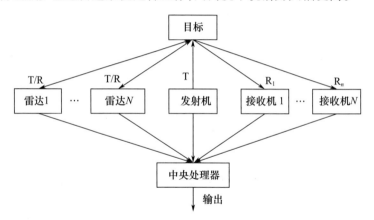

图 C-3　雷达混合组网模式

雷达混合组网不仅包含单基地雷达组网和双/多基地组网雷达所具有的抗电磁干扰措施，还可以通过情报中心控制各个同频基地的发射机同时开机，以同一发射频率及重复频率对准目标方向照射，各基地的接收设备在一个重复周期内应该能够收到若干个到达时间不同的目标回波。其中，一个是本基地发射波造成的，其余的是其他基地发射波造成的，它们出现的位置取决于收、发距离和。这时利用计算机进行相关计算确定是同一批目标后，可进行非相干积累处理，提高信干比和对目标的探测概率。

总之，雷达网作为一个大系统，其抗复杂电磁环境干扰能力，不单单是各部雷达抗干扰能力的叠加，更重要的是有大量涌现的新潜力出现。系统功能完善的雷达网,其抗干扰潜力越大,可采取的措施越多,采取措施后的效果越好。由此可见,雷达网在提高复杂电磁环境下作战能力方面显示出单部雷达难以比拟的优越性。

C.1.2 融合分类

根据融合方法,组网雷达模式种类较多,主要可以分为集中式雷达组网模式、分布式雷达组网模式、无源定位式雷达组网模式、引导交接式雷达组网模式等[104]。每种模式并未有严格的界限,在工作中常常会相互交叉,更好地发挥作用。

1. 集中式雷达组网模式

集中式雷达组网模式中,分雷达系统一般只进行搜索处理,并将探测到的原始点迹信息全部上传至融合中心,在融合中心集中进行数据对准、航迹起始、航迹预测、点迹关联和跟踪滤波等处理,并形成统一全局航迹。通过集中式处理,融合中心一般要进行实时反馈,以便引导分雷达系统对重点区域进行照射处理。

集中式雷达组网模式的优点是信息损失最小,适用于微弱目标的探测,数据率高,具备航迹合成功能;缺点是通信量较大,融合中心计算负担较重,系统生存能力较差,当反馈链路被切断时分雷达系统可能无法正常工作,一旦某部雷达受到干扰,产生虚假点迹也会影响整个系统的融合效果。集中式组网雷达系统一般适合于局部探测区域。

2. 分布式雷达组网模式

分布式雷达组网模式中,分雷达系统是具备独立跟踪能力的自主雷达系统。分雷达系统先完成多目标跟踪与状态评估,将目标航迹信息传至融合中心,在融合中心完成数据对准、航迹关联、航迹融合、剔除虚假航迹点后形成全局航迹。

分布式雷达组网模式具有较高的效费比,且通信量小,单部雷达失效一般不会影响整个系统的工作,抗干扰能力、稳定性、可靠性和生存力较强。但由于单部雷达上传的航迹可能带有自身处理偏差,且并不是每部雷达都能同时观测到同一空间航迹,所以分布式组网雷达不易获得持续时间较长的目标航迹。分布式雷达组网模式下的雷达一般是相近体制雷达,探测精度相当,通常适用于欺骗干扰和多目标战场态势,因此多用于承担战场警戒任务。

3. 无源定位式雷达组网模式

无源定位式雷达组网模式中,发射站不发射信号,接收站只接收目标的主动信号或反射信号。接收站之间一般无须进行同步处理,只需要测量目标的角度、幅度或多普勒信息等,并能够进行独立的角度或多普勒跟踪处理。分雷达系统探测的信息全部上传至处理中心,融合中心根据一定准则合成目标全局航迹,且无须进行反馈处理。

无源定位式雷达组网模式的优点是反隐身和抗干扰能力强,可以对干扰机进行定位,可抗反辐射攻击,无须同步链路,系统实现简单;缺点是只能用于跟踪主动有源干扰机,不能探测静默目标,且只有角度数据,没有测距数据,因此精度较差。无源定位式雷达组网模式一般适用于干扰源的无源交叉定位,可以同其他组网模式混合使用。

4. 引导交接式雷达组网模式

引导交接式雷达组网模式通常是精度较低雷达与精度较高雷达进行交接,或者由于雷达视距限制不能探测全程必须要引导交接,传递的信息一般为目标粗略预测位置、属性或威胁等级等。该模式一般用于预警雷达直接向制导雷达指示,或者由指控中心中转向制导雷达交接。

引导交接式雷达组网模式的优点是利用信息引导,避免高精度雷达全空域盲目搜索,实现快速准确捕获目标;缺点是易受干扰,因此要求引导雷达的探测信息必须足够准确。在实际工程中,原始信息通常先传递到指控中心进行初步分选、融合和鉴别,识别出威胁等级较高的目标后才将目标信息传递给高精度雷达。

C. 2   复杂电磁环境下组网雷达作战组织实施指导思想

通过对战场电磁环境"三维"复杂性内涵的理解和对组网雷达作战运用模式的分析,为充分发挥网内各雷达效益,提高雷达网在复杂电磁环境下的综合探测性能,更好地达成作战目标,复杂电磁环境下组网雷达作战组织实施指导思想可概括为:把握规律,着眼特点;认真筹划,充分准备;统一部署,科学组网;灵活指挥,有效控制。根据上述指导思想,可有效指导复杂电磁环境下雷达网中不同体制雷达的合理配置和工作时机、方式等的确立,确保复杂电磁环境下组网雷达作战能力的有效发挥。

C. 2.1   把握规律,着眼要点

组网雷达能够有效应对战场电磁环境影响和攻击,其作战活动规律特点如下[105]。

(1)多体制、多频段雷达交错配置。雷达网内不同体制的雷达,各种技战术参数各异,能够增加敌方侦察、分选、干扰的困难,对抗反辐射攻击也能够起到一定作用。同时,网内不同频段的雷达占有了较宽的频段,迫使敌方干扰能量分散,稀释了干扰功率,降低了干扰的效果。

（2）静态部署与动态部署相结合。为了降低遭敌方侦察、干扰和攻击的可能性，保持严密不间断的警戒侦察，组网雷达在网内部分雷达相对固定的同时，通常将部分雷达机动部署，这样敌方不易掌握我雷达组网的实际情况，难以实施有效的雷达攻击手段。

（3）前沿部署与纵深部署相衔接。为掌握远距离大范围空情，防止敌实施突袭，雷达网常在主战方向或前沿地部署部分雷达，尽量将警戒线前伸，力争做到早期预警，实时监控。除此之外，利用有利条件，尽可能将雷达部署于纵深地区，使前沿部署与纵深部署有机结合。

（4）有源探测和无源探测并存。组网雷达多采取有源、无源探测并存的综合探测手段，对较远的辐射源平台进行探测，可获取敌方干扰设备的技术参数，还可以通过跳频、关机等反干扰技术措施，使敌干扰机无法进行有效干扰。

C.2.2　认真筹划，充分准备

科学的计划和充分的准备是搞好复杂电磁环境下组网雷达作战活动的前提和基础。

（1）全面了解组网雷达作战任务。不同作战背景下，不同形式的组网雷达遂行的作战任务有所不同，总体来讲作战任务主要包括[105]：一是对所辖空域实施多层警戒，探测来袭目标的类型、坐标和企图，并对目标进行多重定位、补盲，做到不漏情和减少虚警；二是信息中心对上报的来袭目标数据进行融合处理和综合判断，及时给出目标威胁等级，并提出相应对抗措施；三是对威胁等级较高目标，使用相应软、硬杀伤武器对其进行攻击，降低其作战效能，从而提高己方重点目标的生存能力。

（2）准确掌握敌情。掌握敌情是搞好雷达组网的基础，是确保组网雷达作战顺利实施的前提条件。对敌情资料的收集、研究和掌握，应重点把握四点：一是多途径收集资料，主要包括技侦部门的资料，上级、友邻的敌情通报，以往侦察积累的资料等；二是研究资料，要充分对敌情资料进行广泛而深入的研究，了解和掌握情报资料的内容、性质和等级；三是掌握的资料要准；四是通过对资料研究、提炼、分析，选出有价值的资料，为实施组网雷达作战打好基础。

（3）周密制定组网雷达作战计划。组网雷达作战计划是对组网雷达作战活动的具体安排，是组织实施组网雷达作战行动的依据。制定组网雷达作战计划要正确领会上级意图。主要内容包括：各雷达分队的配置、任务区分，侦察阶段划分、侦察重点确认、完成侦察准备的时限，空情传递、处理和上报要求，组织指挥，用频协同事项及有关保障等。

（4）制定协同规定。切实搞好协同，要制定专门的协同规定，包括各级各部门与己方防空火力单元之间的协同,以保证充分发挥体系作战能力。

C.2.3 统一部署,科学组网

目前,雷达型号繁杂,频率覆盖范围宽,探测手段较多,单就某一雷达或某一种观测手段应对严峻的战场电磁环境,效果十分有限,应在战区内实现各军兵种雷达的统一部署,科学组织雷达网,各雷达站实现信息共享、优劣互补,提高整体作战运用能力,争取以整体作战优势抗衡敌电子战设备的技术优势,消除战场电磁环境影响。

在作战部署上,应按照"统一布局,突出重点;综合选优,整体对抗;多机部署,交叉互补"的部署原则,以作战能力强、抗干扰性能高、稳定性好的雷达系统作为骨干,将战场环境内的各种雷达进行优化组合,构成纵深梯次、全方位、有重点、严密、高效、可靠的雷达侦察网。

(1)统一布局,突出重点。信息化战争战场界限模糊,必须着眼防空防天反导作战全局,统一部署,优化配置。力求做到:全面兼顾,不留盲区,集中优势兵力于重点方向。一是根据己方指挥机关、指挥体系、重点目标的总体布局有重点地部署雷达侦察网,最大限度地满足防空防天反导作战对预警情报的需求;二是以敌机场或基地的位置为主要依据,准确判断敌机/导弹主要来袭方向,集中优势兵力配置于主要方向;三是主要方向前伸部署,以扩大警戒范围,为防空防天反导作战争取较长的预警时间。

(2)综合选优,整体对抗。在作战区域内确定主雷达,根据主干雷达的位置、频率选择辅助雷达。主干雷达一般选择抗干扰能力强和通信条件好的雷达,辅助雷达的选择要与主干雷达威力互补、频率互补、手段互补,同时便于接替工作。主辅雷达阵地之间利用多频段的离散性达到迷惑敌电子侦察,分散电子干扰能量,掩护主干雷达工作。通常可用低空性能好、抗干扰能力强的雷达或中低空性能好的直射波雷达作为主干雷达,其他型号的警戒雷达作为辅助雷达。

(3)多机部署,交叉互补。战时空情复杂,敌对己方施放的干扰信号多,战场电磁环境复杂性骤然升级,造成警戒雷达虚警率高,给正确判断空情增加了困难。因此,网内雷达在空间位置上的结构配置,既要满足雷达网覆盖空域和监视范围,同时为了达到对低空目标的检测概率,还要考虑网内雷达要保持一定的重叠度。雷达网中雷达占有频段的配置要合理,首先做到频率互补,尽可能配置不同频段的雷达;其次各部雷达的频段既要相连,又要避免重复。这样雷达网就在战术和技术上可采取更多的抗干扰措施,轮流开机,交叉互补,互相支援,取长补短,提高战场复杂电磁环境下的综合抗干扰能力。

同时,从战术角度考虑,组网雷达布站应满足要求:一是能在各种高度和飞行剖面上探测到目标,并具备相当大的防御覆盖范围;二是有足够的跟踪精度和相当长的跟踪时间,以控制武器系统攻击目标;三是能够精确制导武器系统,使其战斗部能在目标附近爆炸;四是注重机动灵活,快速灵敏反应各种变化。

C.2.4　灵活指挥,有效控制

复杂电磁环境下组网雷达作战组织复杂、协同难度大、时效性要求高,必须做到灵活指挥、有效控制,才能保证组网雷达整体作战能力。复杂电磁环境下组网雷达作战指挥活动内容包括以下三点:

(1)建立统一的雷达电子对抗指挥机构。电子对抗指挥机构要根据战场电磁环境分布情况、联合作战的特点、敌电子进攻力量构成和空中进攻力量编成,对各部队的雷达使用、频率及密钥的更换等做出规定和要求,特别是在己方进行电子欺骗、电子佯动等配合战役战术行动时,要对各部队的任务、要求等做出明确指示。

(2)灵活实施侦察控制。要根据战场变化情况和对侦察任务的要求、时机、目标、范围等不同,加强对侦察行动调控。适时组织调整侦察手段。对空中目标搜索时,应采取全面与重点、粗判与精判相结合的方法,无论是在方位、距离还是在频段上都要进行全面的搜索,以达到对侦察区域的全面监视。区分任务时,可以按方位区分,按侦察对象区分,也可按频段区分。及时调整侦察力量。侦察搜索期间,应将主要力量用于侦察,而在监视期间,可以少数人员进行搜索,当有新信号出现时,主要技术骨干应由搜索状态转为监视状态,严密监视敌空中目标,特别是干扰机动向,及时获取其活动规律。合理调整侦察时间。应根据敌电子设备工作时间,确定侦察时机,以保证组网雷达作战活动的连续性。

(3)综合分析和正确处理情报资料。及时对获取的情报资料进行分析处理,判明敌方目标的战术技术诸元、信号特征、活动特点和规律,以及敌电子设备的类型和用途,情报分析应综合各方面的情况,多法印证,提高情报的准确性。通过对所侦察到的情报资料的分析和研究,掌握敌作战特点和规律,并依此适时调整己方雷达网作战行动,增强组网雷达在战场复杂电磁环境下作战的主动性。

C.3　复杂电磁环境下组网雷达作战运用基本原则

信息化战争中,整个战场都处于复杂、密集的电磁环境之中。各类干扰装置,数量多、功率大、性能先进、针对性强,并且具有准确测定和实施强烈干扰的能力,对雷达作战运用造成极大的威胁和影响。因此,组网雷达要想在严酷的复杂电磁环境下提高生存能力,顺利完成作战任务,就必须遵循科学的作战运用

原则。[106－108]

C.3.1　严密侦察，全域预警

主要为战时雷达网快速探测、引导、识别敌方目标，并实施抗电磁干扰提供所需的技术参数。综合运用各种侦察手段，建立空地一体的侦察预警体系，对敌展开全时域、全频域、多手段的侦察预警，广泛搜集敌空袭征候及电子作战情报、各类电子对抗装备参数、特征及部署配置等，查明、核实敌作战企图，摸清敌电子对抗装备工作规律，为组织实施复杂电磁环境下组网雷达作战提供依据。

一是天地立体侦察。统一组织作战编成内的侦察预警力量，建立由天基预警卫星、空中预警机、侦察机、地面预警雷达网、对空观察哨网等组成的严密高效的侦察预警体系，及时掌握敌空袭时机、规模、来袭方向，争取在远距离上发现来袭兵器，为防空反导作战提供可靠的侦察预警情报，形成由远至近、由高至低，全方位、全纵深、立体侦察网络，力争及早发现敌空袭兵器。二是合理划分复杂电磁环境空域，明确各雷达系统所处电磁环境复杂性程度。网内雷达实时协同开/关机，确保系统能连续躲避来自某一较大威胁方向的干扰。三是合理调配作战兵力。按照作战任务需求，网内雷达重点探测某一空域，同时采取各类抗干扰措施，充分利用预警卫星、预警机、地面预警探测系统对敌空中突击力量的有效探测。四是便于对敌机/来袭导弹轮流跟踪。敌机/来袭导弹一旦进入己方雷达网有效探测范围内，目标信号即被己方组网雷达系统侦察到，雷达站迅速将发现目标情况上报给中心站，中心站将情报下发给雷达网系统所属各雷达站，随即各雷达站对目标进行跟踪探测，使敌机/来袭导弹始终处于己方组网雷达系统的严密监视之中。

C.3.2　认真筹划，严格管控

为确保己方电磁行动安全，加强用频计划和电磁频谱管控，避免己方用频装备自扰互扰，减小电磁信号被敌侦获的可能性。一是制定用频计划。对电磁频谱进行整体筹划，综合把握系统设备的频段特点，合理细化网内各雷达具体工作频率，统一分配雷达、武器系统、通信电台的工作频率、备用频率和隐蔽频率，按照主次急缓的要求确定频谱优先使用等级，提高电磁频谱分配的科学性、有效性，同时，对重要雷达、武器系统实行频率等级保护，确保网内雷达正常运行和指挥信息的优先传递。二是严格电磁频谱管控。综合考虑网内各部雷达的功能特性、工作条件和对频谱的占用情况，有所区别和侧重地加以选择和使用。与作战地区无线电管理委员会联合组织，对影响己方各项作战行动的地方发射源进行征用或实施电磁管制。建立无线电频谱监测站，对作战行动中无线电频谱进行管理和全程实时监测,监视区域内的所有电磁信号。发现不明干扰源,迅速上报并组织排除,确保用频装备正常工作。三是加强电磁行动协同。采取按空域、时域、频率协同等方法,加强用频雷达、通信及武器系统之间的协同,制定严密的协同行动计划,牢牢把握电磁频谱规律,用系统对抗的方法,采取频率规避、频段保护、干扰屏蔽等措施,对电磁频谱进行有效的控制,确保电磁频谱利用效率,保证己方电磁行动的协调一致,从而将复杂电磁环境的干扰降到最低限度。

C.3.3　扬长避短,隐真示假

在电磁管控的基础上综合采取技术战术等各种措施,组织严密的电子防护,实行有效的电子封锁,最大限度地降低敌电子干扰效能。一是巧妙隐蔽。尽一切可能隐蔽雷达部署和使用频率,使敌无法实施干扰和摧毁,设置隐蔽雷达网,以提高雷达网整体抗干扰、抗摧毁能力。二是隐真示假。对雷达阵地、雷达天线等暴露部位进行严密伪装,降低被敌侦察的可能性。广泛使用各种反射体和假辐射源,配置在不同位置,造成对方的错觉。大量设置角反射器和能够吸收电磁波的伪装器材,设置假雷达、发射假信号,进行无线电佯动,巧妙迷惑,牵制敌电子信息辨析能力和目标区分能力。同时,通过诱骗摸清对方干扰、空袭特点和规律,协同、组织防空火力打击敌干扰及保障飞机。三是动态求变。在不影响完成任务的情况下,适时变换发射机的频率,对值班雷达,经常变换辐射源的阵地位置,变更雷达部署,降低敌电磁干扰和攻击效果,提高自身的生存能力。

C.3.4　积极配合,密切协同

雷达网特别强调网内雷达与雷达之间的相互配合与协调,把网内各型雷达力量进行有效融合,形成协同一致的作战态势,才能充分发挥组网雷达系统整体作战能力。

一是突出重点。组网雷达系统内部协同,以执行主要任务的雷达站为主。在区分轻重、分清主次的基础上,搞好重点时间、重点方向、重点频率的协同。在时域上,把重点目标的探测时效性作为协同重点,以免贻误战机;在频域上,既要强调重点频段的安全又要保证备用频段的使用,既要搞好抗干扰频段衔接又要正确设置保护通信频率,以求抗得住、通得畅;在空域上,要把握好作战行动的重点方向,进一步明确协同重点、方法及措施。强调突出重点,在处理重点与一般的关系上,应以重点为中心,兼顾一般,使整个作战行动形成一个有机整体。二是坚定灵活。在战场态势还没有发生根本性变化的情况下,坚决按复杂电磁环境下组网雷达既定的作战协同计划进行,不能轻易变更;即使某些局部出现意外情况,一般不进行大范围的变动,只在整体框架内作针对性小调整。根据战场态势变化情况,从利于有效达成作战目标出发,实时进行必要的灵活协同。对此,在正确理解上级意图、坚定不移地执行协同计划的基础上,不断完善协同计划,建立协同关系,确立协同内容,根据实际战情,从组网雷达系统整体效能出发,果断实施协同。三是主动配合。在电磁环境的强烈干扰下,可能会造成雷达网内协同脱节甚至协同中断,从而给武器装备运用和作战行动带来严重影响。因此,必须强调协同主动性。在协同过程中,处于主动协同和支援配合的双方,应立足全局,且顾全大局,在总体框架下,围绕各自任务和装备实际,自觉、主动地保持协同关系。一旦协同关系遭到破坏,应积极运用多种指挥和通信手段,调整、恢复或重建协同关系,以保持协同的稳定和不间断,真正发挥复杂电磁环境下组网雷达系统整体作战能力。

C.3.5　机动灵活,快速高效

信息化战争中,复杂电磁环境下雷达作战的复杂性、突然性和残酷性空前增大,按照作战任务和作战区域的不同,实施雷达网静态部署与动态部署相结合,使敌方不易掌握己方雷达组网的实际情况,敌方难于对整个雷达网进行干扰。同时,依据作战进程发展,雷达站在高强度干扰,甚至严重损伤的情况下,需要力量补充,机动转移,重新调整部署雷达网。雷达机动组网具有良好的机动性,可随时进行战斗调整,在敌意想不到的时间、地点,出其不意地对敌实施雷达预警探测,使敌无所适从,从而获得作战主动权。要领会上级的意图,通过信息融合中心将多部雷达的探测信息进行融合处理和综合判断,正确判定战情,分清主次空情,及时列出各目标的威胁等级,调整优势兵力于主要方向和重要时节,对主要方向及实施主要打击任务的敌机、预警机、电子干扰机、空中加油机等系统节点威胁目标提出相应的对抗措施,应组织两部以上性能较好的雷达重点监视,全时预警、精测密报、优先传递。同时,在作战中要最大限度地赋予营、连、站临机指挥权,使各雷达站指挥员在战斗中能够临敌应变、遇难有策,迅速、准确实施指挥,从而提高组网雷达的抗干扰能力[109]。

参 考 文 献

[1] 陈永光,李修和,沈阳. 组网雷达作战能力分析与评估[M]. 北京:国防工业出版社,2006.

[2] 鲁晓倩. 组网雷达航迹干扰研究[D]. 成都:电子科技大学,2007.

[3] 任连生. 基于信息系统的体系作战能力概论[M]. 北京:军事科学出版社,2009.

[4] 董明林,李炬. 浅析美军应对战场电磁环境的主要举措[J]. 外军信息战,2008(2):15-18.

[5] 美国国防部. 美军联合出版物 JP3-13.1 电子战[M]. 孙国至,译. 北京:军事科学出版社,2009.

[6] 王汝群. 战场电磁环境[M]. 北京:解放军出版社,2006.

[7] 王汝群. 论复杂电磁环境的基本问题[J]. 中国军事科学,2008(4):62-70.

[8] 刘尚合,孙国至. 复杂电磁环境内涵及效应分析[J]. 装备指挥技术学院学报,2008,19(1):1-5.

[9] 尹成友. 战场电磁环境分类与复杂性评估研究[J]. 信息对抗学术,2007(4):4-6.

[10] 尹成友. 复杂电磁环境分类与分级方法研究[J]. 现代军事通信,2008,16(2):33-37.

[11] 李勇等. 基于作战效能准则的战场电磁环境复杂程度度量方法[J]. 空军工程大学学报(军事科学版),2007,7(3):53-55.

[12] 王志刚,何俊. 战场电磁环境复杂性定量评估方法研究[J]. 电子信息对抗技术,2008,23(2):50-55.

[13] 董志勇,栗强. 基于层次分析法的人为电磁环境复杂度评估[J]. 指挥控制与仿真,2008,30(5):106-111.

[14] 徐小毛,平殿发,张丹,等. 基于灰色层次模型的战场电磁环境复杂度评估[J]. 电子测量技术,2009,32(6):77-81.

[15] 何祥,许斌,王国民,等. 基于模糊数学的电磁环境复杂度评估[J]. 舰船电子工程,2009(3):157-160.

[16] 张昱. 构建三级电磁环境复杂度评价体系的探讨[J]. 信息对抗学术,2007(2):78-80.

[17] 张智南,等. 基于有向图的电磁环境复杂度算法[J]. 电视技术,2009,46(2):1-4.

[18] 邵国培,刘雅奇,何俊,等. 战场电磁环境的定量描述与模拟构建及复杂性评估[J]. 军事运筹与系统工程,2007,21(4):17-20.

[19] 罗小明. 战场复杂电磁环境对导弹作战体系作战能力影响研究[J]. 装备指挥技术学院学报,2008,19(6):6-10.

[20] 罗小明. 基于突变理论的战场电磁环境复杂性评估方法研究[J]. 装备指挥技术学院学报,2009,20(1):7-11.

[21] 辛建华. 空间电磁场三维可视化技术研究[D]. 武汉:华中科技大学,2005.

[22] 腾云飞. 战场环境电磁场数据可视化系统研究[D]. 武汉:华中科技大学,2005.

[23] 汪连栋,郝晓军,韩慧. 复杂电磁环境效应分析及环境控制实现[J]. 电子信息对抗技术,2014,29(6):7-11.

[24] 王红光,张蕊,康士锋,等. 大气波导传播的抛物方程模型研究综述[J]. 装备环境工程,2008,5

(1):11 – 15.

[25] Dockery G D. Development and use of electromagnetic parabolic equation propagation models for US navy application [J]. Johns Hopkins APL Tech. Dig. ,1998,19(3).

[26] User's Manual for Advanced Refractive Effects Prediction System Document Version 3. 0. [EB/OL] (2003 – 1)[2008 – 7 – 26]. http://sunspot. spavar. navy. mil.

[27] 胡绘斌,柴舜连,毛均杰. 电波传播中求解宽角抛物方程的误差分析[J]. 外军信息战,2008(2):15 – 18.

[28] 丁玹,李峰. 外军如何构建复杂电磁环境[N]. 解放军报,2007 – 4 – 12.

[29] Golik W L. Feasibility research of radar network against ARM Attack[C]. IEEE Trans on AP,1998,46 (5):618 – 624.

[30] Teng Y,Griffiths H D,Baker C J,et al. Netted radar sensitivity and ambiguity[C]. IET Radar sanar Naviq. ,2007.

[31] Tummala M. Radar network interference equation study[C]. Proc. of IEEE NAEXON'96,OH,1996.

[32] Gini F,Lombardini F,Verrazzani L. Decentralized CFAR detection with binary integration in Weibull clutter[R]. IEEE Transations. Aerospace Electron. Systems,1997.

[33] Kabakchiev C,Garvanov I,Doukovska L,et al. TBD netted radar system in presence of multi false alarms [C]. Proceedings of the 6th European Radar Conference. Rome,Italy,september,2009.

[34] Barrios A E,Patterson W L,spraguc R A. Advanced propagation model (APM) version 2. 1. 04 computer software configuratlon item (CSCI) documents [R]. San Diego:Space and Naval Warfare Systems Center,2007.

[35] Rančić D,Dimitrijević A,Milosavljević A,et al. Virtual GIS for prediction and visualization of radar coveragc [C]. Proceedings of Visualization,Imaging,and Image Proccssing 2003,2003.

[36] Kostić A,Rančić D. Radar coverage analysis in virtual GIS environment[C]. Proceedings of International Conference on Telecommunications in Modern Satellite,Cable and Broadcasting Service 2003,2003.

[37] Shrawan C. Surender,Ram M. Narayanan. UWB noise – OFDM netted radar:Physical layer design and analysis[C]. IEEE Transactions on Aerospace and Electronic Systems,2011.

[38] Gu Xiaojie,Wang Xinmin,Zhao Kalrui,et al. Autonomous resource management system of netted radar for tactical aircrafts[C]. 2009 IEEE Intenational Conference on Control and Automation Christchurch,2009.

[39] Swerling P. Detection of fluctuating signals in the presence of noise[C]. IRE Transaetions on Information Theory IT – 6,1957.

[40] Shnidman D A. Radar detection probabilities and their calculation[J]. IEEE Transactions on Aerospace and Electronic Systems,1995,3(3):929 – 950.

[41] Shnidman D A. The calculation of the probability of detection and the generalized marcum Q – function[J]. IEEE Transactions on Information Theory,1989,35(2).

[42] Shnidman D A. Efficient evaluation of probabilities of detection and the generalized Q – function[J]. IEEE Transactions on Information Theory,1976,22(6).

[43] Shetty S. Radar network anti – stealing date processing and sinulation[R]. Proc. of the 1997 Sping Simulation Interoperability Workshop,Orlando FL,1997.

[44] Sammartino P F,Bakerl C J,Rangaswamy M. Moving target localization with multistatic radar Systems[C]. 1 – 4244 – 1539 – X/08/$25. 00@ 2008IEEE.

[45] Brooker M,Inggs M. A signal level simulator for multistatic and netted radar systems[J]. IEEE Transactions on Aerospace and Electronic Systems,2011,47(1).

[46] 沈阳,李修和,李勇. 雷达装备复杂电磁环境适应性评价研究[J]. 装备环境工程,2014,11(3): 1 –5.

[47] 马东立,郑明强,夏海延. 假目标诱骗对抗反辐射导弹作战效能分析[J]. 北京航空航天大学学报, 2003(6):447 –450.

[48] 杨志强,谢虹. 雷达网抗干扰性能综合评估指标[J]. 火力与指挥控制,2004(2):36 –42.

[49] 梁幼鸣. 雷达网可靠性指标分析[J]. 现代电子技术,2006(1):32 –34.

[50] 李光明,唐业敏,蒋苏蓉. 雷达网反隐身性能评估[J]. 现代雷达,2006(1):23 –25.

[51] 刘己斌,关祥辰,路建伟,等. 复杂电磁环境下雷达探测能力分析与仿真[J]. 系统工程理论与实践, 2008(5):142 –147.

[52] 王志刚,王芳. 复杂电磁环境下雷达网预警时间的分析与计算[J]. 航天电子对抗,2008,24(1): 46 –49.

[53] 邵锡军,芦珊. 动平台雷达组网系统探测效能评估与仿真[J]. 现代雷达,2008,30(3):11 –14.

[54] 黄宁栋,李俊林,张冬初,等. 基于 D–S 证据理论的组网雷达"四抗"能力评价[J]. 空军雷达学院 学报,2008,22(2):90 –93.

[55] 陈军,冯卫强,赵虎强. 防空组网雷达"四抗"能力综合评估[J]. 指挥控制与仿真,2009,31(2): 62 –64.

[56] 王树文. 计算机模拟雷达网平面探测范围的一种绘制方法[J]. 空军雷达学院学报,1999,13(3): 51 –53.

[57] 成柏林,张尉. 用 Matlab 语言实现雷达探测范围图的绘制[J]. 空军雷达学院学报,1999,13(4): 62 –64.

[58] 邢福成,康锡章,王国宏. 干扰下雷达网的威力范围[J]. 火力与指挥控制,2006,31(7):90 –92,96.

[59] 方学力,杨永祥. 雷达与雷达网的目标检测威力棋型[J]. 现代雷达,2008,30(7):18 –20.

[60] 胡绘斌,陈建忠,姜永金. 基于 Globe 地图的雷达探测范围计算方法研究[J]. 现代雷达,2010,32 (4):21 –24.

[61] 黄胡晟,熊家军,杨龙坡. 基于遗传算法的雷达细网优化部署方法[J]. 空军雷达学院学报,2008,22 (4):250 –255.

[62] 张远,方青,曲成华. 基于遗传算法的组网雷达优化部署[J]. 雷达科学与技术,2014,12 (1): 76 –80.

[63] 梅发国,蔡凌峰,何枞,等. 大区域组网雷达优化部署技术[J]. 指挥信息系统与技术,2016,7(3): 58 –63.

[64] 邢福成,康锡章. 雷达组网区域性防御区优化部署[J]. 现代防御技术,2004,32(4):58 –62.

[65] 蔡婧,许剑,李婧娇. 基于文化遗传算法的雷达组网优化部署[J]. 现代防御技术,2010,38(6): 6 –11.

[66] 张娟,白玉,窦丽华,等. 基于离敬化模型的雷达优化配置与部署方法[J]. 火力与指挥控,2007,32 (1):22 –25.

[67] 何庆元. 基丁粒子群优化算法的雷达网优化布站研究[D]. 桂林:桂林电子科技大学,2007.

[68] 祝长英,李成海,卢盈齐. 雷达组网反隐身的优化布站问题研究[J]. 电光与控制,2009,16(4):69 – 71.

［69］曾燕,饶洁. 雷达组网中通信链路监测软件设计[J]. 现代雷达,2009,31(7):91-94.

［70］郝凯. 地面雷达网监控技术研究[D]. 成都:四川大学,2006.

［71］胡昌林,鞠鸣,孙伟. 多雷达数据编排方法研究[J]. 现代雷达,2009,31(6):36-39.

［72］宋强,熊伟,何友. 基于复数域拓扑描述的航迹对准关联算法[J]. 宇航学报,2011,32(3): 560-566.

［73］祁建清,司贵生,赵喜. 干扰条件下的组网雷达目标跟踪研究[J]. 舰船电子对抗,2011,34(1):22-25.

［74］桑炜森. 电子对抗效能分析与评价模型[M]. 北京:解放军出版社,1999.

［75］张安,文革. 防区外导弹联合攻击武器系统作战效能评估方法[J]. 战术导弹技术,2003,(4):1-7.

［76］罗小明,池建军,姚宏林. 复杂电磁环境对体系作战能力生成和影响的评估[J]. 火力与指挥控制, 2012,37(9):10-13.

［77］易本胜,李万顺. 美军战略净评估方法分析[J]. 军事运筹与系统工程,2012,26(3):14-18.

［78］胡晓峰. 战争复杂性与复杂体系仿真问题[J]. 军事运筹与系统工程,2010,24(3):27-34.

［79］杨镜宇,胡晓峰. 基于信息系统的体系作战能力评估研究[J]. 军事运筹与系统工程,2011,25(1): 11-14.

［80］胡宝洁,范江涛,杨沛,等. 复杂电磁环境对组网雷达的影响研究[J]. 电子科技,2010,23(1): 47-49.

［81］张辉,韩超. 基于雷达网作战能力的目标分配模型[J]. 军事运筹与系统工程,2007,21(2):33-37.

［82］王欢,焦光龙,谢军伟. 基于雷达组网中新技术的研究[J]. 现代雷达,2007,29(1):9-11,22.

［83］唐学梅,刘波. 推广的多传感器数据融合算法[J]. 系统工程与电子技术,1997,(10):61-66.

［84］王文松,龙晓波,汪大昭. 干扰下的组网雷达目标跟踪分析[J]. 电子信息对抗技术,2009,24(5): 11-15.

［85］Tice T E. Overview of radar cross section measurement techniques[J]. IEEE Trans. on Instrumentation and Measurement,1990,39(1):205-207.

［86］徐学文,王寿云. 现代作战模拟[M]. 北京:科学出版社,2001.

［87］赵纯锋,徐子闻. 定量分析雷达网反隐身能力的方法[J]. 空军雷达学院学报,2003,(1):56-58.

［88］张肃,王颖龙,曹泽阳. 防空雷达对抗 ARM 生存能力分析[J]. 电光与控制,2005,12(1):35-38.

［89］沈阳,陈永光,李昌锦,等. 组网雷达抗 ARM 能力分析与评估研究[J]. 航天电子对抗,2004,(6): 1-5.

［90］李军. 雷达抗干扰试验中的几个基本问题[J]. 舰船电子对抗,1999(6):20-24.

［91］谭显裕. 对抗低空飞行器威胁的雷达对策及发展趋势[J]. 现代防御技术,1996(1):9-20.

［92］孙合敏,武文. 雷达装备战场生存能力的综合评估方法[J]. 火力与指挥控制,2007(3).

［93］陈振邦. 低空防御与低空补盲雷达的发展[J]. 现代防御技术,1997,19(2).

［94］袁奇伦,谭绍贤. 建立雷达探测概率模型的方法[J]. 情报指挥控制系统与仿真技术,2001(12): 28-32.

［95］孙仲康,周一宇,何黎星. 单多基地有源无源定位技术[M]. 北京:国防工业出版社,1994.

［96］司锡才. 反辐射导弹防御技术导论[M]. 哈尔滨:哈尔滨工业大学出版社,1997.

［97］程柏林. 多基地雷达抗摧毁效能分析[J]. 航天电子对抗,2001,23(2):43-47.

［98］李士勇. 非线性科学与复杂性科学[M]. 哈尔滨:哈尔滨工业大学出版社,2006.

［99］李德毅. 不确定性人工智能[M]. 北京:国防工业出版社,2005.

［100］杨朝晖,李德毅. 二维云模型及其在预测中的应用[J]. 计算机学报,1998,21(11):961-968.

［101］史进. 基于复杂网络理论的电力系统网络模型及网络性能分析的研究[D]. 武汉:华中科技大学,2008.

［102］张祥锡. 现代雷达对抗技术[M]. 北京:国防工业出版社,1998.

［103］戴清民. 电子防御导论[M]. 北京:解放军出版社,1999.

［104］赵锋,艾小锋,刘进. 组网雷达系统建模与仿真[M]. 北京:电子工业出版社,2018.

［105］马井军,马维军,赵明波. 组网雷达作战分析与几点思考[J]. 国防科技,2010,31(4):28-33.

［106］吴奕钦,陈自然,林连进. 复杂电磁环境下防空兵雷达电子防御与作战运用[J]. 防空兵指挥学院学报,2009,26(1):41-43.

［107］高汉宝,徐伟,王威. 浅谈炮兵雷达作战运用中的电子防御[J]. 专业训练学报,2008,(6):32.

［108］丁吉亮. 预警机雷达干扰系统作战运用原则[J]. 雷达兵,2009(6):23-24.

［109］海龙,殿明,凌峰. 集团军雷达营作战运用的几个问题[J]. 现代兵种,2005(4):17-18.

内 容 简 介

　　日趋复杂的电磁环境已成为信息化条件下战场环境的显著特点和突出标志。开展复杂电磁环境下组网雷达作战能力分析与评估,在基于信息系统的体系作战能力研究领域具有很强的代表性,能够为复杂电磁环境下信息化武器装备体系作战运用探索提供参考,为推进信息化武器装备体系作战训练转型提供指导,为信息化武器装备体系作战能力生成模式研究提供借鉴。

　　本书主要对战场电磁环境复杂性内涵进行理论研究,对复杂电磁环境下组网雷达作战能力进行分析,并构建指标体系及指标模型,建立基于 MAS 的组网雷达作战能力仿真模型,以及雷达与雷达、雷达与电磁环境之间的交互模型,利用 NetLogo 仿真平台,实现对复杂电磁环境下组网雷达作战能力的仿真与评估。

　　The increasingly complex electromagnetic environment has become a prominent feature and symbol of the battlefield environment under the condition of information technology. The analysis and evaluation of the operational capability of netted radars in the complex electromagnetic environment is very representative in the research field of the system of systems combat capability based on information system. It firstly provides a reference for exploring the application of Information weapon system of systems operations in the complex electromagnetic environment; secondly, it offers guidance for transforming the operational training of the information weapon system of systems; thirdly, it sets an example for research of operational capability generation mode of information weapon equipment system.

　　This book mainly studies the connotation of the complexity of the battlefield electromagnetic environment, analyzes the operational capability of the netted radar in the complex electromagnetic environment and build related index system and model. It also establishes the simulation model of the operational capability of the netted radars based on MAS and the interaction models between radars and between the radar and the electromagnetic environment. The simulation platform of Netlogo is used to realize the simulation and evaluation of operational capability of netted radars in complex electromagnetic environment.